Procreate
插画入门必修课

王鲁光　主编

杨小弨　苏　璐　副主编

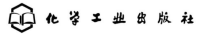

化学工业出版社

·北京·

内 容 简 介

本书针对Procreate插画入门学习而编写，分为基础篇和实战篇，以实战为主，兼顾数字插画基础理论。基础篇介绍了Procreate插画软硬件和美术基础，特别提出了优化画面信息表达的方法，重点介绍了Procreate软件基础，和Procreate数字插画创作流程。实战篇由"动植物""少儿""青春""国风""玄幻"五个主题构成，每一主题遵循由易到难的学习规律设置2~3个案例。书中所有案例都配有分层源文件，可登录化学工业出版社官网免费下载使用。扫书中二维码还可以查看案例高清图以及拓展实例。

本书可作为数字插画兴趣爱好者入门教程，也可作为大中专院校艺术类相关专业师生的教材。

图书在版编目（CIP）数据

Procreate插画入门必修课 / 王鲁光主编；杨小弨，
苏璐副主编. —北京：化学工业出版社，2023.8
ISBN 978-7-122-43491-3

Ⅰ. ①P… Ⅱ. ①王… ②杨… ③苏… Ⅲ. ①图像处
理软件 - 教材 Ⅳ. ①TP391.413

中国国家版本馆 CIP 数据核字（2023）第 087127 号

责任编辑：张　阳　　　　　　　　　　　装帧设计：张　辉
责任校对：李雨晴　　　　　　　　　　　版式设计：水长流文化

出版发行：化学工业出版社（北京市东城区青年湖南街 13 号　邮政编码 100011）
印　　装：北京瑞禾彩色印刷有限公司
787mm×1092mm　1/16　印张9　字数200千字　2023 年 8 月北京第 1 版第 1 次印刷

购书咨询：010-64518888　　　　　　　　　售后服务：010-64518899
网　　址：http://www.cip.com.cn
凡购买本书，如有缺损质量问题，本社销售中心负责调换。

定　　价：59.80 元

前言

随着数字媒介软硬件的飞速发展，数字插画成为绘画艺术爱好者聚焦的兴趣点。在众多的数字插画软件中，Procreate备受瞩目！笔者长期在高校教授数字插画课程，近年来在教学中发现，iPad（苹果平板电脑）已经成为艺术设计类专业学生的常规配置，因此，他们对使用iPad创作数字插画有强烈的学习需求。Procreate作为一款专为iPad设计的主流插画创作应用软件，曾荣获Apple最佳设计奖。它以简单易学、功能丰富的产品优势脱颖而出，广受用户好评。基于广大数字插画入门者学习的需要，笔者在长期积累的丰富的数字插画教学经验基础上，以Procreate作为核心创作工具，撰写了这本数字插画入门教程。

本书分为基础篇和实战篇两部分。在基础篇中对数字插画做了概述，并介绍了相关概念、软硬件、美术基础、创作流程，特别提出了优化画面信息表达的插画创作方法，同时对Procreate软件做了详细介绍。在实战篇，遵循从简单到复杂的学习规律设置五大主题——"动植物""少儿""青春""国风""玄幻"，每一主题又从易到难地设置2～3个案例进行创作技法详解，以求覆盖多个热门创作主题、多种技法风格，尽量多地满足广大入门学习者的兴趣需求。本书所有案例都配套高清效果图，读者可以扫描二维码查看。本书所有案例都配有分层源文件，读者可登录化学工业出版社官网下载使用。

对于本书的学习有几个建议：首先，本书案例教程罗列了详细的颜色数值，但学习时可以酌情进行主观设色；其次，要注重分析PSD源文件，据此倒推创作思路和流程，从逻辑上理解作者的思路，可极大提升学习效率；最后，要善用网络学习资源，借助各种数字插画网站交流学习。

本书由王鲁光担任主编，杨小弨、苏璐担任副主编，王文灏担任主审，杨亮琦参加了部分编写工作。本书的顺利完成得到了许多优秀青年数字插画师的支持，他们是：丁晓龙、金佳蓉、郭舒婷、郑晨、张洁等，衷心谢谢大家！

多年教与学的实践证明：数字插画的学习需遵循"一万小时定律"，祝愿读者朋友乘风破浪，终有所成！

由于时间、精力所限，书中难免存在不足，欢迎大家批评指正（笔者邮箱：wluguang@qq.com）。

谨以本书送给王一杨、王子杨小朋友，你们是笔者持续奋斗的动力！

王鲁光

2023年4月3日于济南

目录

基础篇

　　在学习数字插画之初，有必要明确插画、数字插画的基本概念，了解手绘插画与数字插画的区别，初步掌握数字插画的创作流程。

　　毫无疑问，一定的美术基础在数字插画入门学习阶段有助于提升学习效率，这也是数字插画作品品质保障的必备因素。对于数字插画而言，优化画面信息表达，即将创作元素进行视觉整合与再现也是非常重要的一环，有助于达到事半功倍的创作效果。

1 初识插画与数字插画

"插画"一词的概念有狭义和广义之分。传统插画,西方统称为"illustration",有"使明亮"的意思,也就是说插画可以使文字变得更加明确、清晰(图1-1)。《辞海》对"插画"的解释是:"指插附在书刊中的图画。有的印在正文中间,有的用插页方式,对正文内容起补充说明或艺术欣赏作用。"随着社会的发展,现代插画的含义已从过去狭义的概念(局限于图像对文字的解释)变得更加宽泛,更加强调"使明亮"之意,只不过使明亮的不再是单纯的文字内容,而是通过图画增加文字的趣味性,使所要表达的内容能更生动、更具象地活跃在读者的心中,从而突出作品的主题思想,增强其艺术感染力。因此绘画作品无论是对文字的图像化,还是对思想、观念的图释化,在现代都可以称为插画。

图1-1 传统插画(丢勒)

插画作为现代设计的一种重要的视觉传达形式,以其直观的形象性、真实的生活感和美的感染力,在现代设计中占有特定地位,已广泛用于现代设计的多个领域。随着商品经济的发展和新绘画材料及工具的出现，插画艺术进入商业化时代。作为深度参与市场经济的艺术创作形式，插画从单纯对文字的补充，逐渐过渡到对人们感性认识的满足，最后发展到对商业主题的阐述，以及对艺术家独特审美、技巧、观念的表达，其功能性和目的性都发生了深刻变化。

　　数字插画（图1-2）指的是使用数字技术手段（计算机软件、硬件）完成的插画创作，因此数字插画也可以称为计算机插画、CG插画，属于计算机绘画的一种。在数字插画学习与创作过程中，计算机软件、硬件和人构成了完成数字插画的三要素。

图1-2　数字插画作品

　　一般认为，常规的数字插画创作方式是将手绘板与计算机连接，在计算机上使用绘图软件进行创作。随着计算机软硬件技术的更迭、触屏设备的普及，数字插画艺术创作越来越便捷，平板电脑甚至智能手机都成了创作利器。

　　数字插画的创作需要人和计算机软件、硬件的协作。随着插画风格的多样化发展，传统数字插画所需的美术基础功能逐步弱化。数字技术的不断升级，越来越多的平面软件产生，甚至不断有三维软件加入来提升绘画效果和效率，随着计算机硬件的更新换代，功能更强的硬件设备开始普及。初学者易夸大工具的重要性，痴迷于计算机软件复杂的操作和绚丽的效果，热衷于依赖硬件设备提升工作效率，然而，缺少审美内涵的作品如同没有灵魂的躯壳，工具固然重要，但更重要的是人，以及人对作品立意的表达。

3

2 Procreate插画创作的硬件和软件

2.1 辅助工具

早期的数字插画学习者，在手绘起稿后，往往需要借助扫描仪将纸本手稿转化为数字文件，然后在软件中进行重新勾线、上色等处理（图2-1）。新一代的数字插画学习者往往更习惯使用手机或数码相机拍摄手稿，这主要是由于数码设备的摄像功能日益强大，在一定程度上简化了流程，提高了效率（图2-2）。

图2-1 扫描仪

图2-2 手机和数码相机

2.2 iPad

平板电脑也叫便携式电脑，是一种小型的、方便携带的个人电脑，以触摸屏作为基本的输入设备。它拥有的触摸屏允许用户通过触控笔或数字笔来进行作业，以代替传统的键盘或鼠标。用户可以通过内建的手写识别功能、屏幕上的软键盘、语音识别或者一个真正的键盘实现输入。

图2-3 iPad Pro

图2-4 Apple Pencil

从数字插画创作者的角度看，常用的平板电脑可分为三类：以iPad为代表的便携式绘画平板电脑、以和冠（Wacom）新帝系列为代表的专业级绘画平板电脑、以微软Surface Pro系列为代表的综合型绘画平板电脑。这里重点介绍iPad平板电脑。

iPad是苹果公司发布的平板电脑，运行的是iOS操作系统，采用主频为1GHz+的苹果处理器，支持多点触控，内置了地图、日历、视频、iTunes Store等应用。iPad Pro（图2-3）是iPad中的一个型号，搭载A9x核心处理器芯片，有望最终代替笔记本电脑，其强大的绘画功能带给许多数字插画者额外的惊喜。

在iPad Pro上面绘画建议使用Apple Pencil（图2-4）。Apple Pencil是一款智能触控笔，拥有压力传感器。在iPad Pro上面绘画可以很好地模拟手绘笔触的效果，这一方式越来越受青年学习者甚至成熟插画创作者的喜爱。

当然，iPad和Apple Pencil只是硬件设备，还需要运行App才能完成作品的创作。App的搜索和安装都需要在App Store中完成。就本书而言，使用的是Procreate软件。此外，常用的iPad 绘画软件还有Tayasui Sketches、SketchBook、Paper、MediBang Paint for iPad、苹果备忘录等。每个软件都有自己的特色，初学者可以挑选试用后有针对性地开展学习。其中，Procreate软件由于其功能全面而强大，最受插画创作者推崇。

2.3 Procreate软件

Procreate是一款运行在iPadOS上的强大的数字插画应用软件，也是一款专为iPad设计的创作应用，具有极高的使用率，需要在App Store购买（图2-5）并安装使用。由于其专为iPad设计，所以充分利用了iPad的所有优势，如设计直观、速度流畅、图片处理能力强大等。借助它，插画创作者可以随时随地创作出色的数字插画作品。Procreate软件提供了数百种手动画笔、一套创意艺术工具、一套高级图层系统和超快的Valkyrie绘图引擎。无论是对于熟悉传统电脑绘画的使用者，还是对于新的数字插画学习者来说，Procreate都简单易学，其中许多功能与Photoshop等传统插画创作软件有很大的相似之处。图2-6为Procreate界面。

Procreate有许多令人称道的工具与功能，如丰富的笔刷、功能强大的图层面板，以及分屏功能、录屏回放功能和绘画辅助功能，本书将在第5部分进行详细解析。

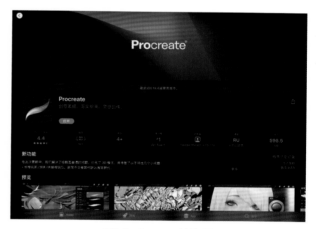

图2-5 Procreate的购买

图2-6 Procreate界面

2.4 Photoshop软件

数字插画创作有时需要使用不同的软件以实现高效创作，本书在进行案例设计时选择了当下常用的数字插画创作方法，即使用"Procreate+Photoshop"结合进行创作，因此有必要简单介绍一下Photoshop的使用。

Photoshop全称为Adobe Photoshop，简写为PS（图2-7）。Photoshop主要处理由像素构成的数字图像，使用其中的编修与绘图工具可有效进行图像处理。其界面如图2-8所示。Photoshop支持Windows操作系统、安卓系统与苹果系统，一般配合数位笔进行创作。

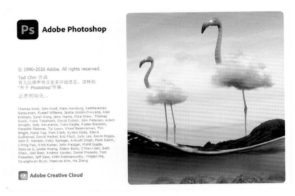

这里主要对书中案例将使用到的Photoshop工具进行简单介绍，大家可以在后续案例创作中逐步体会、使用。

图2-7　Adobe Photoshop

（1）画笔与颜色

启动Photoshop后，工具箱（图2-8）会出现在屏幕左侧，可通过拖移工具箱的标题栏来移动它，也可以通过执行菜单栏"窗口"＞"工具"显示或隐藏工具箱。画笔工具在工具箱中间部位，是使用Photoshop进行数字插画创作的主要工具，右击画笔工具图标可以看到四种工具："画笔工具""铅笔工具""颜色替换工具""混合器画笔工具"（图2-9）。当点选"画笔工具"或按快捷键B选择"画笔工具"时，工具属性栏就会自动切换为画笔工具的属性设置界面

图2-8　Photoshop界面

（图2-10），这时可以很直观地看到"模式""不透明度""流量""平滑""对称"等调整区和按钮。"不透明度""流量""平滑"都是比较常用的，其中调大平滑数值，可以辅助画笔工具画出圆滑的线条或块面，相应地需要一些计算时间。同理，点选工具箱中的其他工具，也会自动切换到相应工具的属性设置界面。

在画笔工具模式下，在画布区域单击鼠标右键，即可打开如图2-11所示的画笔设置面板，从而很直观地对画笔的角度、大小、硬度、近期画笔使用记录、画笔类型进行拖动更改和点击选择，还可以通过右上角的工具设置图标打开更为复杂的画笔设置，如画笔的显示方式、导入画笔等。

图2-9 画笔工具

颜色选择相对直观，可单击打开、使用工具箱颜色面板，使用"拾色器"吸取画布上的颜色，或直接拖拽选择颜色，也可输入数值精确选择颜色（图2-12）。在菜单栏"窗口"＞"颜色"面板，还有更为复杂的颜色显示方式，来配合不同工作习惯的创作者。

图2-10 画笔工具属性设置

（2）图层和历史记录

图层面板属于浮动面板，可以点选菜单栏"窗口"＞"图层"，打开或关闭图层面板。图层是进行插画创作时经常用到的功能。正确使用图层功能可以极大地提高工作效率。

图2-11 画笔设置面板

图2-12 "拾色器"

"历史记录"面板同样可以在菜单栏的"窗口"中调出或关闭，可用于插画创作时的撤销或恢复。使用时可以在"历史记录"面板直接点选步骤，也可以使用快捷键（撤销Ctrl+Z、恢复Ctrl+Alt+Z）进行操作。

意大利作家马尔科姆·格拉德威尔（Malcolm Gladwell）在《异类》（*Outliers*）一书中谈到，如果一个人想要在某一方面取得超出常人的成就，必须要经过至少10000小时持续不断的练习。这就是我们熟知的"一万小时定律"。实践证明，数字插画的学习也遵循此定律。

3 必备的插画创作美术基础

3.1 造型基础

造型基础学习中的相关概念，如"结构""明暗""透视"……都需要学习者在绘画练习的不断尝试中体会其含义。造型技术的掌握，需要在充分理解这些概念的基础上，把造型的思维运用于创作中，时刻以这些"标准"来衡量自己的作品。

（1）形体归纳

在造型学习的初级阶段，常常化繁为简，将物体概括成简单的几何形，辅以明暗调子之后产生体积感，从而构成形体关系。我们往往将物体概括成圆形、方形、三角形、梯形等，是为了更整体地进行观察，而不被细枝末节所扰。形体更多的是一种观念，也就是时刻要牢记物体是处在三维空间中的，是具有体积的。

物体的外部形状取决于内部结构，因此造型必须以结构为出发点，通过对外部和内部的分析，充分认识和理解形体结构，使所描绘的物象获得真实感和可信度。所谓形体归纳，就是把我们眼前的物体根据其形象特点，主观地处理成一些基本几何形体，以便更准确地理解和表现复杂物体的形体结构。例如，树的形体可以大致被分解归纳成球体和圆柱体的组合（图3-1）。

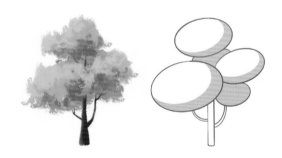

图3-1　树的形体归纳

生活中的任何形象都可以被概括为基本几何形体。在描绘一个物体前，如果主观地将该物体归纳概括为基本几何形体，就能更方便地理解和认识形体，轻松地把握其形象特点，从而准确表现出造型和结构。这种对复杂形体进行归纳概括的思维是宏观把控画面的基础，也是数字插画学习的必修课。

以图3-2中的鸟的形体细化为例，在塑造前期先用椭圆、圆球体等几何形体初步确定结构和比例，概括出鸟的大致轮廓。在细化过程中则可擦去结构线，在已有的基础形状上进行调整，完成更细致的刻画。

图3-2　鸟的形体细化

外部的形象特征依附于形体内部的结构，在绘画时要避免"流于表面"的作画方式。通过外部形态的描绘可以强调物体的体积感，如图3-3，花瓶表面的花纹根据花瓶形体的走向产生视觉上的透视、压缩、拉伸等效果，如果作画时不注意内部结构，那么效果将如图3-4一般，破坏了物体的体积感。

图3-3　花纹与花瓶结构融合　图3-4　花纹与花瓶结构不融合

（2）透视法则

物体在我们的眼中呈现"近大远小"的空间规律，也就是透视现象。如图3-5，当我们从街道中心看向城市，即便我们知道有些高楼实际上大小相似，但近处的楼房依然在视觉上显得更大，远处则更小。在绘画中，需要运用透视原理创造物体本身的深度和画面整体的空间感。因此，透视法则是造型的重要依据，是准确表现物象、再现客观现实的基础。

图3-5　近大远小

想要在二维平面上实现三维效果，就必须把原本平行的线画成不平行的状态，使其更符合人的视觉经验。在二维平面上，任意几根在现实世界平行的线朝一个方向延伸，似乎会在远处交汇于一点，该点称为消失点（灭点），这些延伸出来的交汇线被称为透视线。如图3-6中道路两边平行栽种的树木，倘若站在道路中间观察，视觉上会产生树木最终汇集于远方视平线上的某一点的感觉。一旦在画面中确定了这些透视线与消失点，就能以这些线条为辅助，明确物体的位置和大小。

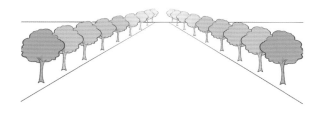

图3-6　平行的树汇集于点

此外，当有多组平行线朝向不同方位时，不论方位如何，每一组平行线都朝向自身的消失点聚集。如图3-7中的立方体，两组平行线在远处分别交汇于两个消失点，产生透视效果。

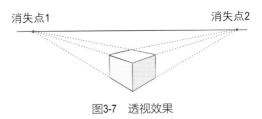

图3-7　透视效果

图3-8是一张没有消失点的图。透视中原本应该往后方逐渐聚拢、相交的线，在这里却是平行的。这样的画面忽略了前后关系，失去了纵深感。毫无疑问，符合透视的立方体更合乎人类在现实世界的观察习惯。

图3-8　非透视效果

（3）明暗关系

当环境中有了光源，物体就产生明暗、虚实的变化。在不同的光源、环境、物体材质等条件下，人会产生不同的明暗感觉。因此在绘画的过程中需要掌握明暗调子的基本规律，这种规律可以归纳为"三大面"和"五大调子"。

"三大面"指物体受光、背光和反光部分的明暗度变化面。以图3-9为例，受光时球体在视觉上被分为亮面、暗面和灰面。

亮面：是物体的直接受光面，由于充分受到光源的照射，所以看起来是物体中最明亮的部分。

灰面：是物体侧受光的部分，也是物体塑造过程中的关键部分。

暗面：是物体的背光面，明暗交界线和反光都在暗面中。

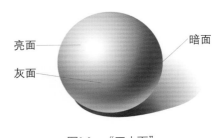

图3-9　"三大面"

"三大面"在黑白关系上不是一成不变的，各个面之间的深浅变化形成了"五大调子"。画面的"五大调子"指物体表面由于明度不一而形成的黑白层次，是塑造物体立体感的重要法则。通过这一法则安排好各部分的明暗层次关系，即物体的黑、白、灰关系，能更好地表现物体的立体感和质感（图3-10）。

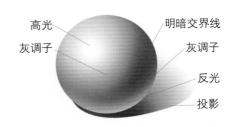

图3-10　"五大调子"

高光：是受光物体最亮的点，也是物体直接接受光源照射的部分。其受限于光源、材质和形状，因此要根据光源的强弱确定高光的强弱，根据物体的质感和受光部分的形状刻画高光的形状。

灰调子：也称灰面，明暗较为接近且具有比较丰富的层次。它是最能表现物体质感的部位。

明暗交界线：是受光面向背光面转折的部分。这个部分不受光源照射，也不受反光影响，从而在视觉上使人感觉色调最深。它并不是一条简单的实线，其本身也具有色调或面积的变化。

反光：暗部受到周围物体的漫反射作用，产生反光。反光部让暗部不再死板、沉闷，增加了物体暗部的透气感。

投影：是物体本身遮挡光线后在空间中产生的暗影。投影的角度受光源投射角度的影响，投影的明暗随光源强弱程度不同而变化。

3.2 构图

构图也称章法、布局，指在绘画过程中将元素通过一定视觉呈现方式进行有条理的摆放从而形成画面的秩序感。不同的构图会形成不同的视觉感受，这些感受包括对称、对比、冲突、活泼等。例如垂直式构图能够强化高耸、庄严之感；三角形构图能够带来稳定、坚固之感；S形构图给人以优美、灵动之感。构图也是创作者表达思想、情感等信息的一种常见手段。

图3-11　具有平衡感的构图

（1）平衡感

构图处理得当，有利于找到画面的平衡感，使画面均衡协调、和谐统一。

图3-11中四幅图都以树为主体，月亮为背景，而树在画面中处于不同的位置或呈现不同的形态，月亮的位置、大小也有不同。图1的树主要集中在画面下部，因此将月亮安排在画面偏上的位置来平衡画面；图2的树枝与其倒影形成了一个折角，将月亮安排在右上方，使整体形成S形构图以增强美感；图3的树占据了大部分画面，而左下角空缺，因而将月亮安排在画面左下角来平衡构图；图4的树处于中间偏左的位置，右侧显得稍空，将月亮安排在右上方使构图平衡。

（2）视觉引导线

画面中的元素由主及次形成的线形轨迹，称为视觉引导线。视觉引导线可以引导视觉方向。

视觉引导线有三方面重要作用：

整体而言，视觉引导线引导观者将视线汇聚于画面主体或引导线本身，提高观者对画面视觉中心的注意力，从而强化主体。如图3-12，画面通过仰视，使建筑物产生近大远小的强烈效果，这些建筑物同时成为指向画面中心的视觉引导线，将观者的视线引向远处的飞机。

图3-12　强化主体

在画面元素的布局中，视觉引导线可以作为连接桥梁，让画面元素相互之间产生关联。如图3-13，在沙漠中用一条"飘带"串联起了山丘、骆驼、祥云、植物等多种元素，从而使这些元素之间的关系在视觉上更加紧密，组成一个整体。

此外，视觉引导线还能起到增添画面趣味性的作用。利用视觉引导线可以将观者的目光以一种有趣的方式牵引到主体物上，丰富画面的视觉表现力。如图3-14，表现一个人跑步时利用一组曲折的视觉引导线，将观者目光逐渐引导至主体处，创造一定的视觉深度和透视感，而这个过程也增强了画面的趣味性。

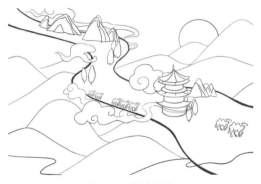

图3-13　连接元素

（3）常用构图方法

一些常用的构图方法有助于提高绘画的表现力和元素组织能力。熟悉构图技巧，积累方法经验，对初学者来说非常实用。

三角形构图极为常见，该方法将画面主要元素摆放成三角形来平衡画面。如图3-15，画中主要人物形成三角形，给人以稳定、庄重之感。

图3-14　增添趣味

图3-15　《西斯廷圣母》（作者：拉斐尔）

　　对称式构图以对称的形式安排画面元素，包括上下对称、左右对称（图3-16）以及中心对称等。这种方法平衡感较强，可以很好地突出主体物。

　　曲线构图包括S形（图3-17）、C形、圆形、螺旋形等曲线形式，这种构图方法使画面有较强的韵律感。

图3-16　《最后的晚餐》（作者：达·芬奇）　　　　图3-17　《奥弗涅的旅客》
　　　　　　　　　　　　　　　　　　　　　　　　　　（作者：康斯坦丁·萨维斯基）

　　三分法构图是将画面从垂直和水平方向分别分成三个相等的部分，将重要元素安排在这些线条的相交点，如图3-18。

图3-18　　《被拖去解体的战舰无畏号》（作者：透纳）

　　框架式构图，也叫画中画式构图，是利用画面中原本的元素构建框架，使观众的目光聚焦于视觉中心，营造丰富的空间层次，如图3-19。

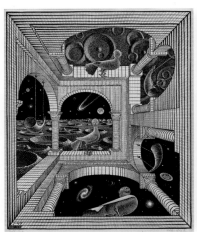

图3-19　　《Other World Ⅱ》（作者：埃舍尔）

　　除上述常见构图方案外，学习者也可以尝试更多不同类型的构图，如从传统绘画、电影、摄影等诸多领域汲取灵感，观察分析画面引人入胜的方法，熟练利用构图捕捉注意力，表达画面巧思。

3.3　色彩基础

色彩形成有三个基本条件：光、物体、眼睛。光在物体表面反射后通过人的眼睛传递给大脑，从而让人产生"色彩"这一视觉感受。

（1）色彩的属性

色相、明度和纯度这三种属性也被称为色彩的三要素。

色相：色彩中包含红色、黄色、蓝色等各种颜色，这种属性叫作色相（图3-20）。色彩根据光的不同波长呈现出不同的色相。色相就是色彩的面貌。

图3-20　色相

明度：色彩的明暗程度被称为明度（图3-21）。越亮的色彩明度越高，越暗的色彩明度越低。明度最高的色彩是白色，明度最低的色彩是黑色。

图3-21　明度

纯度：色彩的饱和度（鲜艳程度）被称为纯度（图3-22），指的是色彩的纯净程度。越鲜艳的色彩纯度越高，越混浊的色彩纯度越低。当纯度达到最低值时，就呈现出灰色。

图3-22　纯度

（2）色彩感受

色彩作为重要视觉感受，能够影响人的感觉、记忆、联想、情感等。当色彩对人产生一定的心理作用时，更容易让观者与作品产生情感共鸣，作品因此就富有了感染力。每个人对色彩的感受或多或少会有不同，这会随着心情、环境、情境等的不同而产生波动。人的情感也存在共性，所以对大多数人来说，同一色彩会调动相似的感受，这种规律是有迹可循的。

红色、橙色、黄色等色彩，让人联想到太阳、火等温暖的物象，通常给人带来温暖的感觉，也会给人以热情、积极的印象。而蓝色、蓝绿色、蓝紫色等色彩则容易让人联想到冰或水，给人带来寒冷的感觉，会让人产生冷静、理性的心理感受。图3-23为色彩的冷暖。

图3-23　色彩的冷暖

明度较高的色彩往往给人带来较轻的视觉感受，如浅蓝色、淡粉色等。明度较低的色彩使人感到更多的分量感，所以看起来更重，如深蓝色、深灰色。图3-24显示出色彩的轻重。

图3-24　色彩的轻重

色彩的活泼或沉着（图3-25）与明度和纯度有关。纯度高、明度高的色彩看起来更为活泼，会给人以华丽、动感、积极等感觉。纯度低、明度低的色彩看起来比较沉着，给人以沉稳、忧郁、朴素等感觉。

图3-25　色彩的活泼或沉着

色彩的温柔或强烈（图3-26）与色彩的纯度有关。纯度较高的色彩让人感受到一种强烈的视觉刺激，人们更容易产生浓烈、动感、华丽等印象。而纯度较低的色彩在视觉上较为温和，使人产生轻松、朴素、柔和等印象。

图3-26　色彩的温柔或强烈

（3）色相环

将不同色相按光谱的顺序围绕成环形，被称为色相环（图3-27）。

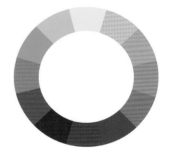

图3-27　色相环

三原色：一般指色表三原色红、绿、蓝，或色彩三原色红、黄、蓝（图3-28）。三原色理论上可以根据不同比例调成任何颜色，而其他颜色无法调和成三原色。三原色纯度高、颜色鲜艳，是色相中的极端对比，具有鲜明突出的效果。

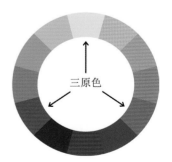

图3-28　三原色

间色（图3-29）：由两种原色调和而成的颜色叫间色（二次色），如红色和黄色调和而成的橙色，蓝色加黄色调和而成的绿色，红色和蓝色调和而成的紫色。根据比例的不同，可以调出不同色彩倾向的间色。

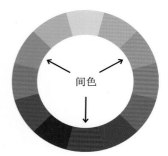

图3-29　间色

复色（图3-30）：由任何两个间色或三个原色调和而成的颜色叫复色（三次色）。自然界中最常见的颜色就是复色，如橄榄绿、赭石色、土红色、墨绿色等，而真正的原色在自然景物中很少出现。

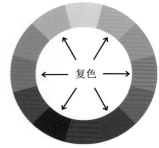

图3-30　复色

互补色（图3-31）：在色相环中成180°角对立的两种颜色为互补色。互补色的冷暖对比最为强烈，使用时也需要谨慎一些，相对而言比较难以控制。例如在红配绿的色彩搭配中，如果面积太平均且纯度过高，可能会缺乏美感，给人土气的感觉。相反，如果合理调配两种颜色的比例、纯度、明度，能够产生惊艳的、富有感染力的效果。图3-32塞尚的《静物》典型地体现了这一点。

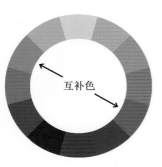

图3-31　互补色

图3-32　《静物》（作者：塞尚）

对比色（图3-33）：在色相环上角度成大于90°、小于120°的两种颜色为对比色。互为对比色的两种颜色反差较大，能够起到较好的对比和衬托作用，制造冷暖反差。对比色在绘画中相对互补色而言更常见一些，主要是因为对比色的组合方式较多，更好控制且也能产生不错的视觉效果。图3-34凡·高的《星月夜》就是一个典型的例子。

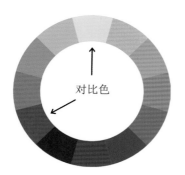

图3-33　对比色

图3-34　《星月夜》（作者：凡·高）

近似色（图3-35）：在色相环中位置相近的颜色称为近似色。近似色的色彩倾向比较接近，因此使用起来比较简单且安全，几乎不会出现很大的色彩问题。它们会给人以温和、协调、统一的感觉，但存在对比度较低，缺乏视觉张力的缺点。图3-36吉普林斯基的《小园丁》就运用了近似色。

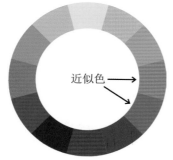

图3-35　近似色

图3-36　《小园丁》（作者：吉普林斯基）

（4）色彩模式

色彩的混合模式有两种：加色混合（图3-37）和减色混合（图3-38）。电视、电脑显示屏等的色彩表现方式为加色混合。在加色混合中，混合的颜色越多，颜色越亮，越接近白色。颜料、油墨等材料的色彩是通过减色混合来表现的。在减色混合中，混合的颜色越多，则色彩越暗，越接近黑色。

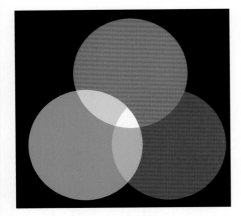

图3-37　加色混合

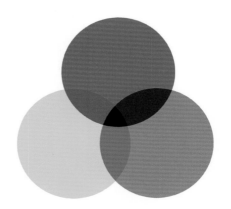

图3-38　减色混合

加色混合：是RGB色彩模式的基础。在电子屏幕等介质中，我们常用RGB来表示颜色值。RGB分别对应光的三原色红、绿、蓝，这三种光通过不同比例混合以及互相叠加，形成了显示器上我们看到的各种颜色，几乎能涵盖人眼能感知的所有颜色。

减色混合：是CMYK色彩模式的基础，我们常用CMYK来表示物体色的色值，这也是传统彩色印刷机调配颜色的基本方式。C、M、Y、K分别对应青色、品红色、黄色、黑色，印刷机通过这四种颜色的调配，混合出印刷品上的各种色彩。由于这种色彩模式基于减色混合，所以在明度和纯度上会比RGB模式的色彩偏低。

在数字插画的创作过程中，需要根据实际情况，选择适合的色彩模式（图3-39），也可以同时保存RGB和CMYK两种模式的文件，适用于不同的应用场景。

图3-39　色彩模式选择

4 优化画面信息表达

4.1 画面信息分级

无论是整体刻画还是单体塑造，都需要建立起画面信息分级意识，将所描绘的所有对象信息都分解为主信息、副信息及装饰信息。以图4-1中男孩形象为例，主信息为"这是一个人"，副信息为"这是一个男孩"，装饰信息为"这是一个身穿蓝色衣服、戴着眼镜、双手抱胸的男孩"。

主信息　　副信息　　装饰信息

图4-1　信息分级

将这些要表达的信息分级以后，需要以层级顺序将对象信息逐一表达清楚，避免混淆层级。遵循层级规律的画面，就有了清晰的主与次，有利于观者进行阅读。

在单独塑造各个层级内部的过程中，依然要保持层级意识。如图4-2中的女子，创作表达的核心是女子的优雅和美丽，所以主信息是女子的动作姿态，副信息是飘逸的裙子和手中的琵琶。在刻画衣着的过程中，可以对信息进行再次分级：裙子的形态、结构和走势是主信息，衣服明暗、褶皱是副信息，细碎的花纹图案则是装饰信息。

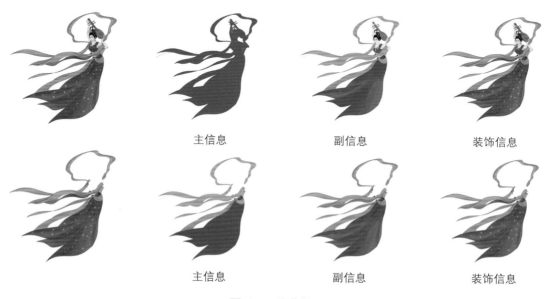

主信息　　　　　　　　副信息　　　　　　　　装饰信息

主信息　　　　　　　　副信息　　　　　　　　装饰信息

图4-2　二次分级

4.2 画面信息的丰富与简化

在将信息合理分级后，把握好各层级的信息量是处理画面的重点。常见的错误有，主信息的信息量不够，内容缺乏变化，装饰信息过于复杂，这两类问题都会导致画面信息失衡。如图4-3所示，人物内侧衣服上的花纹过于复杂，装饰信息过多，造成喧宾夺主的结果。

为了避免类似问题出现，需要注意把握画面各部分的信息量，对信息进行合理的丰富或简化。如图4-4所示，描绘的是一些星球，但这幅画的信息层级存在主次信息不明确、元素雷同、主信息不够丰富、缺乏变化等问题。经过信息层级的重新梳理后，对画面元素进行了一定的丰富和简化，调整后的图4-5，视觉上的主次关系被拉开，原本单调雷同的元素在形态上有了变化，画面整体的可读性和趣味性变得更强。

图4-3　信息失衡

图4-4　信息层级存在问题　　　　图4-5　信息丰富与简化

4.3　客观限制与主观处理

　　数字插画创作注重对客观信息的主观处理过程，无论是造型的夸张变形、构图的形式感，还是风格的个性化，都体现了创作者在对信息主观处理过程中的创意。有时我们结合联想、隐喻等创意手法，或者运用几何图形设计手法来增强画面形式感，创造更生动、有趣、新颖的插画效果。一些图形创意法则常用于数字插画设计中，使客观形象能够产生新鲜、丰富的视觉感受。

（1）异形同构

　　异形同构是将两个以上看似不合逻辑的形象组合在一起，构成一个新的整体。这种方法不是多个图形的简单相加，而是经过创意结合，构成独特造型，产生新的含义。如图4-6，绿植和灯泡这两个本无关系的物体同构为一体形成了新图形，表达了点亮绿色、节能环保等新的作品内涵。

（2）置换同构

　　置换是将一个物体的局部置换为另一个物体，可以从外形、材质、含义等方面入手。这需要两者之间保留一定的相似性与差异性，形成逻辑上的"张冠李戴"，从而产生视觉冲击力。如图4-7所示，孔雀身上的羽毛被置换为浪花，虽不合常理，但两者在造型上具有相似性，为画面增添了新意。

（3）拆分重构

　　拆分重构（图4-8）是将元素的外形或结构拆散，进行穿插、破坏、组合等重构处理，打破原有的比例关系和空间关系，将不同视角融入同一平面，从而产生吸引力与可读性更强的画面。

图4-6　异形同构

图4-7　置换同构

图4-8　拆分重构

23

（4）**夸张变形**

夸张变形是常用的形象处理手法，通过不同程度的夸张、变形，可以强化物体的特点，使作者意图等信息更加直观、醒目。如图4-9所示，在将人物扁平化的同时对身体比例和动作进行了一定程度的夸张变形，弱化身体的肌肉线条，突出几何感。

图4-9　夸张变形

（5）**正负共生**

正负共生利用图形间轮廓线的相似性，相互借用、相互衬托，用简洁明了的方式巧妙表达两种形象之间的关联，让人产生遐想，回味无穷。如图4-10所示，烟囱上烟雾的轮廓形状共同组成了中间一棵树的外轮廓线条，画面简洁、引人思考。

图4-10　正负共生

5 掌握Procreate软件基础

5.1 页面布局

（1）图库界面

打开Procreate软件，可以看到图库界面（图5-1），通过Procreate完成的作品都会保存在这里。点击作品图像即可快速打开作品。图库界面功能包括右上方的"选择""导入""照片""+"。

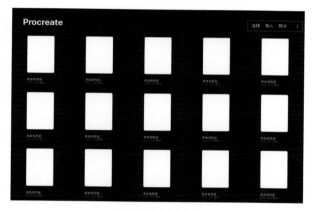

图5-1　图库界面

选择：点击"选择"按钮，可以对图片进行"堆""预览""分享""复制""删除"操作（图5-2）。

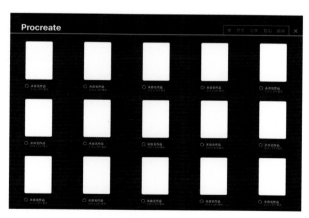

图5-2　选择界面

导入：点击"导入"按钮，可以从iCloud云盘或"文件"应用，找到保存图片的文件夹后点击文件进行导入。

照片：点击"照片"按钮，可以从iPad图库中导入照片。

+：点击"+"按钮进入新建画布界面，可以选择新建预设好的不同尺寸的画布（图5-3上红框），点击"新建画布"面板右侧的"自定义画布"图标（图5-3下红框），可新建一个自定义画布并设置"名称""尺寸""颜色配置文件""缩时视频设置""画布属性"等细节参数（图5-4）。为了满足创作和商用要求，建议画布尺寸不小于A4，DPI不低于300。

图5-3　新建画布界面　　　　　　　　　图5-4　自定义画布界面

单击作品名称，可以对作品重命名（图5-5）。

图5-5　作品重命名

长按缩略图，可以对作品进行移动和分组（图5-6）。

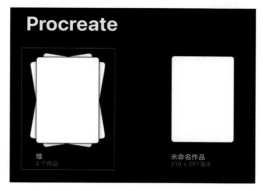

图5-6　作品分组

两指按住缩略图并进行旋转，可以改变画布的方向（图5-7）。

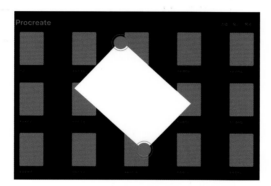

图5-7　旋转画布

在缩略图上，手指左滑可以对作品进行"分享""复制""删除"操作（图5-8）。

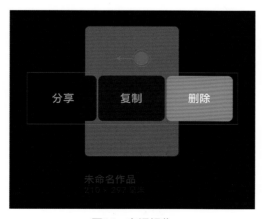

图5-8　左滑操作

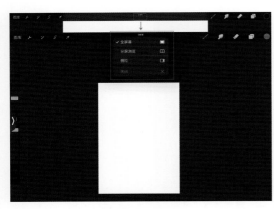

图5-9　分屏图标

图5-10　分屏显示

（2）分屏与参考

分屏功能是进行插画创作时的常用功能，可同时呈现画布和参考图片。具体步骤如下：新建画布之后进入绘图模式，在App界面的顶部有三个小圆点，点击之后调出分屏选项（图5-9），从上到下的功能分别是"全屏幕""分屏浏览""侧拉""关闭"。如点选"分屏浏览"，Procreate暂时调到画面最左侧，并出现iPad上的其他App图标，点击"照片"后打开相册中的图片，此时Procreate软件和相册同步显示。拖拽中间分屏线上面的灰色竖条可以更改两个App的显示面积（图5-10）。

更为直观的操作方式是，打开Procreate之后，调出iPad屏幕底部程序坞，直接拖拽相册图标到画面的一侧实现分屏（图5-11）。

分屏功能类似于Procreate"参考"功能（图5-12）。后者也是通过在画布上方悬浮图像的方式辅助插画创作，位置在界面左上方"操作">"画布">"参考"。该功能默认关闭，开启后显示的浮动窗口有画布（画布的缩略图）、图像（导入相簿图片，可快速拾取参考图颜色）、面容（打开摄像头显示面容）。"参考"功能的便捷之处在于可以快速拾取颜色。

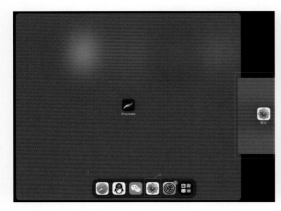

图5-11　拖拽分屏

图5-12　"参考"功能

（3）绘图界面

创作之初，需要对Procreate的软件界面有一个宏观的认识。Procreate软件界面简洁，基本分为以下四个部分。如图5-13所示绘图界面，"1"为画布区域，主要的绘画创作都在这个区域完成（配合两指手势可以极为便捷地放大或缩小画布）；"2"为画笔的常用设置区域，从上到下分为画笔尺寸调节（拖动滑块改变尺寸）、拾色功能（点击矩形方框弹出"拾色"按钮，移动按钮可快速选择颜色，类似于Photoshop的"吸管工具"）、画笔不透明度调节（拖动滑块改变画笔不透明度）、撤销（回到上一步，类似于Photoshop中的"Ctrl+Z"）和重做；"3"从左到右依次为"画笔库"、"涂抹工具"、"橡皮擦工具"（这三个工具共同使用"画笔库"位置）、"图层面板"、"颜色面板"，通过点击可以直观地进行操作；"4"从左到右依次为"图库"（新建和保存文件）、"操作面板"（添加文件、画布

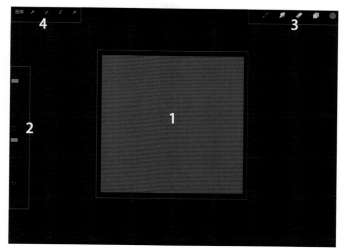

图5-13　绘图界面

图5-14　偏好设置

设置、导出文件、录制视频、偏好设置和提供帮助文件等）、"调整面板"（调色工具和部分滤镜工具）、"选区工具"（绘制选区，类似于Photoshop中"选框工具"和"套索工具"的结合）、"变形工具"（类似于Photoshop中"Ctrl+T"自由变换功能）。

侧栏的位置是可以根据需要进行更改的。轻点"操作"按钮，在"偏好设置"中可以将侧栏换成"右侧界面"，或切换为"浅色界面"（图5-14）。

5.2 基本功能应用

（1）绘图工具

绘图：点击"画笔库"按钮，可以根据需要选择合适的笔刷进行创作。画笔库中自带上百种笔刷，并且Procreate官方根据画笔的功能和质感对画笔进行了分类，也可以选择画笔库右侧的"+"按钮导入或自制笔刷（图5-15）。

涂抹：点击"涂抹"按钮，可以渲染作品、平滑线条、混合色彩等，点击"涂抹"工具可以根据需要选择合适的笔刷创作出不同的效果。

擦除：点击"擦除"按钮，可以在画笔库中选择合适的橡皮擦形状，对画面进行修改。

图层面板：点击"图层"按钮，在弹出的"图层"面板中对不同图层右滑可以对多个图层进行新建图层组和批量删除的操作（图5-16）；左滑可以进行"锁定"、"复制"和"删除"操作（图5-17）。

图5-15　画笔库

颜色面板：点击"颜色"按钮，在弹出的"颜色"面板中可以选择不同的颜色进行绘制。或可以拖拽颜色至画布对应位置进行色彩填充，还可以编辑颜色，制作自己常用的色板。

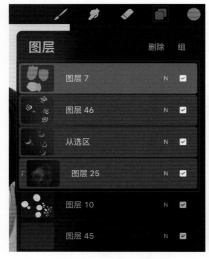

图5-16　批量操作图层

图5-17　左滑图层

（2）高级功能的应用

图库：点击"图库"按钮，回到图库界面。

操作：点击"操作"按钮，在弹出的"操作"面板中可以对画布进行自定义设置，或者为作品插入照片或文本，对画布进行编辑，分享或保存作品，录制创作时的缩时视频，自定义界面和手势控制设置等（图5-18）。

调整：点击"调整"按钮，在弹出的"调整"面板中可以看到四种不同的调整类型，分别可以对画面的色彩效果、模糊效果、艺术效果、变形效果进行调整，为作品创作提供更多的可能性（图5-19）。

选取："选取"工具类似于Photoshop"选区"工具，利用"选取"工具快速将作品进行选取分割，便于重新上色、编辑、变形等操作。Procreate提供了"自动""手绘""矩形""椭圆"四种"选取"工具。如在点选"手绘"选取模式时，可手动圈出选区并对选区部分进行绘画、涂抹、使用橡皮擦、填充上色、变换变形等操作，且不会影响到选区外的部分（图5-20）。点击"选取"按钮进入选取模式，再点击一次可以退出。

变形：选中需要修改的图层，点击"变形"按钮就可对当前图层进行操作，软件一共提供了四个不同的变形选项来满足创作需求（图5-21）。其中"自由变换"工具可以

图5-18 "操作"面板　　　　图5-19 "调整"面板

图5-20 "选取"工具界面

图5-21 "变形"工具

任意改变图像的比例，自由调整图像的形状；"等比"工具是在保持图像的原有比例的情况下对图像进行放大或缩小操作；"扭曲"工具是通过拖动不同的节点来让对象产生扭曲形变；"弯曲"工具可以创作出更为复杂的效果，移动网格的节点来对图像进行操作，可以创作出3D立体效果或折叠图像等。点击"变形"按钮进入相应模式，再点击一次可以退出。

（3）侧栏的应用

侧栏中有进行数字插画创作时常用到的各种修改工具。如图5-22所示，"1"为笔刷尺寸调节工具，按住滑动键往上拉，笔刷尺寸增大，往下拉，笔刷尺寸变小；"2"为修改工具，系统默认轻点"修改"按钮会自动调出"吸管"工具，拖移"吸管"工具方便我们在绘画过程中随时选取颜色，也可按住"修改"按钮，同时轻点画布上任意位置来吸取颜色；"3"为画笔不透明度调节工具，滑动键位置越高，画笔不透明度越高，滑动键位置越低，画笔不透明度越低；"4"和"5"为"撤销"和"重做"箭头工具，轻点上方"撤销"箭头可取消前一个操作，轻点下方"重做"箭头复原，最多可撤销250个操作。

图5-22　侧栏界面

5.3　图层工具

Procreate的图层面板功能强大而丰富，单击图层时弹出面板，可以进行重命名、执行阿尔法锁定等常用操作；向右滑动则出现复制图层等功能；点击"N"可弹出不透明度调节、图层混合模式切换等丰富功能，在数字插画创作时都会成为功能强大的绘画辅助（图5-23）。

图5-23　图层工具界面

（1）图层选项

重命名：新增图层时系统自动默认将图层以数字命名，在此处可以对当前图层自定义名称。

选择：点击"选择"按钮选取本图层中的不透明部分，在选区内可以执行各种操作，如绘画、涂抹、拷贝粘贴、颜色填充、变换变形等，不会影响到选区外的部分。

拷贝：点击"拷贝"按钮后当前图层的内容会被拷贝至剪贴簿中，可将本图层粘贴到另一个图层中或画布中，或在其他应用中使用。

填充图层：点击"填充图层"按钮，会将当前颜色填充至该图层。

清除：点击"清除"按钮，会将当前图层内容瞬间抹去，但设定的混合模式和图层名称不会变动。

阿尔法锁定：点击"阿尔法锁定"按钮，就可在本图层已绘制的内容上进行绘画操作，透明区域不会受影响，该操作通常用在塑造和刻画细节阶段。图5-24上下两图就是关闭和打开"阿尔法锁定"功能的不同效果对比。

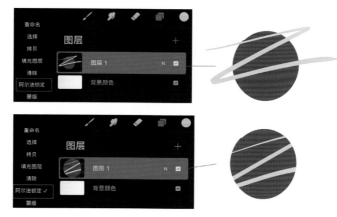

图5-24　阿尔法锁定

蒙版："蒙版"按钮可以让我们尽情绘图而不破坏当前图层内容。点击"蒙版"工具，蒙版会在该图层上方显示并与当前图层绑定，此时画笔会变成黑色，用黑色画笔绘图会隐藏内容，用白色画笔绘图会显示内容。图层蒙版和一般图层一样可以被"锁定"或"删除"。

剪辑蒙版：点击"剪辑蒙版"按钮，当前图层会受下方图层的控制，下方图层的不透明部分即剪辑蒙版图层的绘画范围。该操作同样通常用于塑造和刻画细节，与阿尔法锁定不同的是，剪辑蒙版功能不破坏底图，为未来的操作留有更大的余地。剪辑蒙版功能是数字绘画的常用功能，善用可极大提高绘画效率（图5-25）。

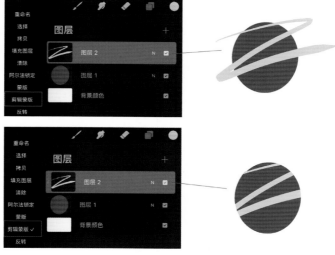

图5-25　剪辑蒙版

反转：点击"反转"按钮后本图层中的每个颜色都会被其互补色所取代。

参考：选中目标图层后点击"参考"按钮，图层上会出现"参考"字样，选定另一个当前主要图层后，当前图层会依照参考图层的线稿上色。

向下合并：点击"向下合并"按钮可将本图层和其下方的图层两者合二为一，合并成一个图层。

向下组合：点击"向下组合"按钮可将本图层和其下方的图层两者合成一个"图层组"。

（2）图层管理

一件完整的作品是由几十甚至上百个图层组成的，为了方便作品的绘制与修改就要掌握好一些管理图层的方法。

选取图层：我们可一次选取单个或多个图层对其进行批量移动、合并、删除、变形等操作（图5-26）。在图层列表中轻点任一图层，该图层会显示为亮蓝色，而后在其他需要操作的图层上用单指向右轻滑可看到图层变成暗蓝色，可对这些选定的图层进行批量操作。批量操作时，可进行"选取"和"变换"操作，但"调整"工具中只可使用"液化"工具，其余功能无法使用，且"剪切并拷贝"工具只能应用于亮蓝色的图层上。

组合图层：当选取多个图层时，图层列表的右上角出现"组"的按钮，轻点"组"即可将选定的图层合并成组。轻点图层组右边的箭头即可展开或收起图层组（图5-27）。

选取图层组：和"选取图层"操作一致。批量操作时，可使用"选取"和"变换"的操作，"操作"工具的行动会一次性应用到图层组中的所有图层上，但无法使用"绘画"、"涂抹"、"橡皮擦"或"调整"工具。

移动图层/图层组：长按一个图层或图层组即可将其移动。

锁定、复制和删除：用单指左滑图层/图层组会弹出"锁定""复制""删除"按钮。

图5-26　批量操作图层

图5-27　图层组

锁定：点击"锁定"按钮，该图层就不能再被编辑或变动，左滑点击"解锁"即可对图层/图层组解除锁定，恢复编辑。

复制：点击"复制"按钮，来自图层/图层组的所有蒙版、混合模式和图像皆会被复制。

删除：点击"删除"选项，将该图层/图层组在作品中移除。该操作虽可撤销，但一旦超过可撤销范围或退出，将无法复原该图层/图层组。

混合模式：新建图层时系统会默认将上面的图层覆盖下面的图层，但混合模式下可将两个图层的内容通过多种方式互动、混合，以达到不同的效果。系统默认混合模式为"N"，即"正常"模式。

在图层列表中可看到图层名称的右边有字母"N"选项，轻点字母"N"即可弹出"混合模式"面板。

"混合模式"面板分为两部分："不透明度"调节键和混合模式名称（图5-28）。左右滑动"不透明度"调节键可控制图层的透明度。在正常模式（N）中最大不透明度下，当前的图层会完全覆盖下方图层的内容，但在其他混合模式下，不透明度可能会影响饱和度或阴影等视觉元素。图层面板提供共计26种混合模式，可根据画面需要选择不同的模式。

图5-28　"混合模式"面板

5.4　画笔工具

丰富的画笔库和优秀的质感表现是Procreate的制胜法宝之一。对画笔库的熟练使用是进行Procreate插画创作的必要条件（图5-29）。Procreate提供了18个画笔组共计上百种多功能笔刷来帮助我们创作，不同的笔刷有不同的质感，可轻松匹配不同风格。点击每一种画笔笔刷，还可以打开更为详细的笔刷设置界面"画笔工作室"（图5-30）。在这里我们可以调整画笔属性使当前画笔达到需要的效果，还可以创建属于自己的全新画笔。

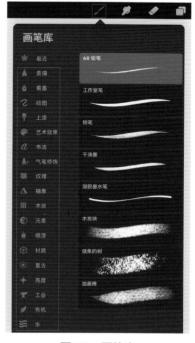

图5-29　画笔库

"画笔工作室"的界面共分为三部分："属性参数"、"设置"及"绘图板"。画笔工作室一共有12种属性，点击任一"属性参数"，在弹出的"设置"面板中对属性进行调整，调整后的画笔效果可在绘图板上实时查看。

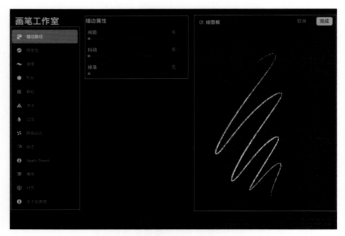

图5-30　画笔工作室

下面对"画笔工作室"的具体设置进行讲解。

（1）描边路径

用手指或Apple Pencil在屏幕上移动时，Procreate软件会在路径上计算并放置无数触点来创造笔画。通过设置间距、抖动和笔画淡出速度可以调整笔触的效果。描边路径的各项参数设置调整相对常用，建议对本项内容勤学勤练。

图5-31　原参数

间距：控制笔刷在路径上留下形状的次数。间距越大画笔路径上线条的形状之间出现的空隙越多，间距越小笔画越流畅。

抖动：沿着路径截取笔刷形状并以随机数量偏移，抖动越大，笔刷形状越分散，抖动越小，笔画越平滑。

图5-32　调整参数

掉落：调整笔画的淡出效果，加大数值，笔画会淡出至透明。

图5-31和图5-32就是对笔刷描边属性"间距""抖动""掉落"进行调节前后，绘图板上不同笔触效果的对比，可以明显看到这三个功能对笔触效果的影响。

（2）稳定性

稳定性功能会让笔画更平滑流畅（图5-33）。

流线：流线对上墨和手写很重要，可以通过"数量"和"压力"设置来调节，"数量"越高线条越平滑，调高"压力"会使"压力"能更持久地套用在笔画上，调低或关闭"压力"则会让压感根据按压的速度表现在笔画中。

稳定性：稳定性参数设置得越高，笔画越流畅、平滑。稳定性和下笔速度有关，速度越快稳定性越好，线条越平滑。

动作过滤：完全剔除笔画中特别突出

图5-33　"稳定性"设置

的抖动和瑕疵，不再受下笔速度的控制，不论以什么速度绘画，线条都会平滑流畅。

（3）锥度

调整线条起始的粗细度使笔画呈现出自然、渐细的效果（图5-34）。

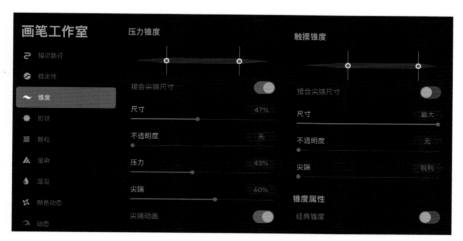

图5-34　"锥度"设置

压力锥度：配合Apple Pencil的压感，以自己下笔时的力度和速度控制笔画头、尾的锥度程度。

触摸锥度：使用手指绘图时是没有压感的，可在"触摸锥度"界面手动调节笔画的锥度程度。

（4）形状

利用各种参数调节选定笔刷的笔尖形状（图5-35），或将图像导入"形状来源"来创造新的画笔（图5-36）。

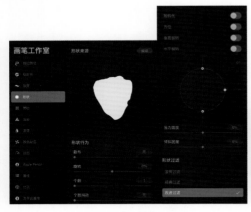

图5-35　"形状"设置　　　　　　　　图5-36　"形状"编辑

（5）颗粒

"颗粒"是笔刷形状内的纹理，是表现画面质感、肌理的重要因素，可以在"颗粒表现"面板中调整各种参数改变当前画笔的颗粒设置，或在"颗粒来源"中导入图像来创设新的笔刷（图5-37）。

（6）渲染、湿混、颜色动态

在这三个面板中可以对笔刷与颜色的互动方式和细节进行调节（图5-38 ~ 图5-40）。

图5-37　"颗粒"设置

图5-38　"渲染"设置　　图5-39　"湿混"设置　　图5-40　"颜色动态"设置

（7）动态

通过具体参数的调节可控制下笔时笔刷的动态变化和形状（图5-41）。

（8）Apple Pencil

控制Apple Pencil和笔刷的互动方式（图5-42）。

图5-41　"动态"设置

图5-42　Apple Pencil设置

（9）属性

使用其他杂项设置创建笔刷在画笔库的预览外观，以及画笔在Procreate界面中的行为表现（图5-43）。

（10）材质

通过对"金属"和"粗糙度"的设置，可调整笔刷的材质效果（图5-44）。

图5-43　"属性"设置

图5-44　"材质"设置

（11）关于此画笔

在使用Procreate默认画笔时，在"关于此画笔"选项可以看到画笔的名称、缩略图、版权信息，也可以选择"重置所有设置"将笔刷复原为其初始状态（图5-45）。在创建新笔刷时，则可以编辑笔刷的名称、缩略图、版权信息，以及"创建新重置点"来保存画笔当前所有的设置状态，或者选择"重置画笔"恢复至前一个重置点的状态（图5-46）。

图5-45　关于此画笔　　　　　　　　　　图5-46　创建新笔刷

虽然Procreate软件的"画笔工作室"提供了丰富的设置功能，但是大部分功能都不建议初学者尝试。在使用画笔工具时，辅助修线功能也很常用：用Procreate画直线、弧线、圆形、三角形等图形时，只需要将画笔在画布上稍作停留，就可以自动对线条进行平滑和修正处理（类似SAI的"抖动修正"功能和Photoshop画笔的"平滑"功能），如果画笔继续停留在画布上，还可以通过拖动对新画的图形进行放大和缩小操作（图5-47）。

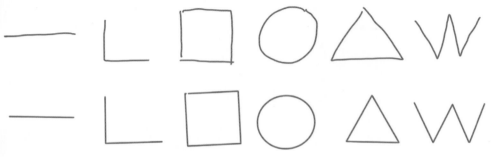

图5-47　辅助修线

5.5　颜色工具

Procreate软件的颜色面板提供了五种颜色选择的方式，分别是"色盘""经典""色彩调和""值""调色盘"，在选色时可以凭感觉在"色盘"中选择，也可以通过颜色"值"面板输入RGB数值精确找到，还可以在"调色盘"面板选取配色，点击右上角"颜色"工具，在弹出的面板中挑选、变更、保存颜色。

颜色填充：创作时除了常规的画笔涂色之外，还可以使用拖拽当前颜色的方式在闭合线条内进行颜色快速填充（图5-48）。

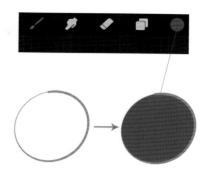

图5-48　颜色填充

色盘：图5-49是常见的色盘颜色面板，其中红框部分"1"为当前颜色；"2"为主要颜色（左）和次要颜色（右）；"3"为小标圈，拖动标圈选色，当拖动标圈时会显示两个颜色，左边是上一次使用的颜色，右边是当前所选的颜色，可以形成颜色对比；"4"为颜色历史，显示最近使用的十个颜色；"5"为默认调色板，可在"调色板"界面中变更默认调色板。

经典：提供传统的选色方式，可通过调整如图5-50所示的"1"色相、"2"饱和度、"3"亮度来选择颜色。

图5-49　色盘颜色面板　　　图5-50　经典颜色面板

色彩调和：拖动图5-51大光标"1"选择颜色，系统会根据所选的颜色提供相应更谐调的建议颜色"2"。

值：滑动调节数值，并提供十六进制参数方便获取颜色（图5-52）。

调色板：Procreate提供多组配色组合，也可在"调色板"界面导入或自创调色板（图5-53）。

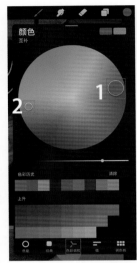 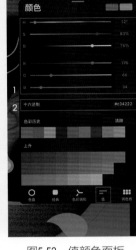 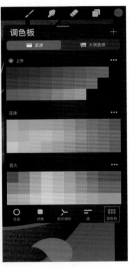

图5-51　色彩调和颜色面板　　　图5-52　值颜色面板　　　图5-53　调色板颜色面板

5.6　手势操作

Apple Pencil无疑是Procreate软件的绝佳绘图用具，但Procreate依然提供了多种便捷的手势操作，掌握好手势操作可在很大程度上提高创作效率。从单指操作到四指操作都比较常见。

单指操作：使用单指操作与使用画笔操作功能类似，可调出各种实用菜单、点选按钮、调节滑动钮、触摸绘图等。

双指操作：在图层面板双指捏合可合并图层（图5-54），在绘图区域双指捏合可缩放画布（图5-55，反向操作则放大画布）；双指捏合还可以旋转画布（图5-56）；双指轻点图层，调出

图5-54　合并图层　　　　图5-55　缩放画布　　　　图5-56　旋转画布

不透明度调节选项，此时双指滑动可调整当前图层的不透明度（图5-57）；双指右滑开启"阿尔法锁定"（图5-58）；双指轻点画布执行撤销操作，在界面上方出现文字提醒

图5-57 调整图层不透明度

（图5-59），可快速撤销一个或多个操作，如需撤销一系列操作，可双指长按画布快速撤销。

三指操作：在画布上三指轻点画布可执行重做，并在界面上方出现文字提醒（图5-60）；在画布上用三根手指做左右擦除动作可将选中图层的内容瞬间擦除掉，并在界面上方出现文字提醒（图5-61）；在画布上三指下滑会出现"拷贝并粘贴"菜单（图5-62）。

四指操作：四指轻点界面切换为全屏模式（图5-63），可全览画布，再次四指轻点可切换为常规界面模式。

自定义手势：依次点选"操作">"偏好设置">"手势控制"，可变更或自定义新手势。

图5-58 阿尔法锁定　　　　　图5-59 点击撤销　　　　　图5-60 点击重做

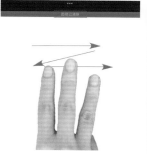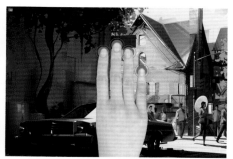

图5-61 左右擦除　　　图5-62 呼唤"拷贝并粘贴"　　　图5-63 切换全屏模式
　　　　　　　　　　　　　　菜单

5.7　文件交互

Procreate支持多种格式的文件，如Procreate格式、PSD（Adobe Photoshop）格式、PDF格式、JPEG格式、PNG格式、TIFF格式等，不仅能将画作以这些格式导出，还可以将这些格式的作品导入Procreate。

导入：依次点选"操作"＞"添加"，选择相应的格式文件，即可添加至画布（图5-64）。也可以使用其他应用将文件发送给Procreate。以QQ传输为例，点击QQ对话框中的"文件"，依次点选"用其他应用打开"＞"Procreate"，文件即发送给Procreate，下次打开Procreate即可在图库中看到导入的文件（图5-65）。

图5-64　导入文件　　　　　图5-65　从QQ导入文件

导出：依次点选"操作"＞"分享"即可将当前画作以不同格式分享或存储（图5-66）。以用QQ传输为例，依次点选"操作"＞"分享"＞"PSD"（选择文件格式），屏幕出现"正在导出"提醒，在弹出界面点选"QQ"，即可以文件的形式将作品发送至QQ联系人（图5-67）。

图5-66　导出文件　　　　　图5-67　导出文件至QQ应用

5.8　在线自学

通过Procreate菜单栏"操作"＞"帮助"＞"Procreate使用手册"或"Procreate新手攻略"可以在线自学，解决大部分软件操作方面的问题，还可以找到案例视频（图5-68）。结合如"站酷网""花瓣网"等作品展示、交流网站，可以快速提升数字插画创作水平，建议大家善用网络学习资源。

图5-68　在线自学

6 Procreate插画创作流程

6.1 明确受众，找准定位

由于不同的受众群体对作品的需求和喜好是不同的，因此创作之初需要根据受众的特点来确定创作的方向和内容。例如，创作儿童绘本，就需要考虑儿童的年龄段，儿童对内容的喜好、色彩偏好，以便呈现更好的传播效果（图6-1、图6-2）。

不同的传播渠道也会影响数字插画的展示效果，因此在正式创作前还需要了解作品的传播渠道，以保证最终的展示效果。例如，为某网站创作

图6-1　面向儿童的插画风格　　图6-2　面向非儿童的插画风格

插画，需要了解该网站的主题和风格，使作品能融入其中，形成和谐统一的视觉感受。同时要注意，选择RGB色彩模式才符合线上传播的要求。

6.2 发散思维，捕捉灵感

对于创作而言，创意和灵感无疑是关键要素。这需要作者充分发散思维，从多方面寻找灵感。通过观察生活中的事物、阅读书籍、浏览互联网等方式，都有可能获取灵感。此外，还可以通过与其他创作者或受众合作、交流的方式来收集创意、激发灵感。

在寻找灵感的过程中，需要注意保持心态的开放，不断尝试新的材质、媒介或思路，发掘创作的多种可能性。

6.3 收集素材，明确思路

在正式创作之前，收集必要的素材能够帮助创作者明确创作思路。素材既可以是图片、视频，也可以是相关的文字语言，甚至是声音、音乐等。通过网络搜索、拍摄等方式都可以广泛地

获取创作所需要的素材。收集素材是为了更好地分析创作主题，明确创作思路，同时也可以为后续的构图和上色提供参考。

在收集和使用素材的过程中，需要注意素材的版权问题，避免侵犯他人的权益。同时，素材的质量和适用性也很重要，如何将素材更好地应用到创作中是需要我们思考的。

6.4　测试工具，找到利器

数字插画的绘制离不开绘画软件和工具的支撑，因此需要做好工具测试工作，找到最适合自己的创作利器。可以通过试用不同的软件和工具，了解它们的功能和特点，然后根据个人喜好或创作需求进行选择和使用。

在选择绘画软件和工具时，首先要考虑自己的绘画风格和技能水平，进而选择最适合自己的工具。另外，还需要考虑工具的价格和使用难度，以便控制成本和提高效率。

6.5　构图起稿，将想象具象化

构图起稿是数字插画的基础。创作者可以在纸上或软件中，用简单的线条和形状勾勒出画面的基本布局和结构（图6-3）。构图起稿是为了呈现出作品的整体面貌，确定画面元素和位置关系，为后续的上色和塑造打下基础。

在进行构图起稿时，需要将灵感进行具象化、视觉化处理，用直观的方式传达出作品所蕴含的主题思想或情感。在这一环节，也可以通过控制画面元素的比例和布局，来调整作品的视觉效果和表现力。

图6-3　用Procreate软件构图起稿

6.6 分层上色，梳理色彩层次

在分层上色阶段，作品往往会被分成不同的图层，便于分别进行上色（图6-4）。这样既可以更好地控制色彩的层次和深度，让作品更加丰富，也方便后续对于局部进行修改、调整。

在这个过程中，需要注意色彩的搭配和运用，结合主题，充分利用色彩表现作者要传达的情感和氛围。在自己不满意的区域，可以多次尝试不同的色彩搭配效果，反复进行比较，从而选出最满意的配色方案。增加色彩的层次，有时可以产生更丰富的效果，让画面整体更加精彩。

6.7 分层塑造，丰富细节

分层塑造的能力能够决定画面的精细程度。这一环节是对画面中不同的图层分别进行塑造。通过塑造，充分增加表现对象的细节和质感，从而使作品更加生动和细腻。对画面主体以及关键元素进行着重塑造，可以强化主次关系，更清晰地表达主题（图6-5）。

6.8 深入刻画，完成作品

作品完成之前需要进行深入刻画，即从多个角度更深入地表现和修饰画面，让作品更加完美和精致，以达到预期效果。此时，往往不再拘泥于局部，而要从作品的整体感受出发，根据主题考虑元素的增加或删减，完善画面逻辑或是营造整体氛围感。

图6-4 分层上色（作者：张洁）

图6-5 分层塑造（作者：徐艳征）

实战篇

　　如果你已经掌握了上一篇的基础内容，就可以正式进入Procreate数字插画的绘制阶段了。Procreate数字插画带有典型的实践型特点，需要经过不断创作实践才能真正具备创作力。对于入门者来说，不要抱着急于求成的心态，要从简单的作品创作开始，"从量变达到质变"才是插画学习的捷径。

　　数字插画的创作，强调"思想、观念的图释化"，创作者应该以包容性强的宏大视野思考和探索数字插画艺术创作。对于作品风格的选择，不宜随波逐流，不必拘泥绘画基础。需要明确的是，创作者与观者的感受产生一致性，才是作品称之为"好"的基本和最高要求。

7 动植物主题创作

    动植物主题创作常以技法难度不大、风格相对普及的卡通风格进行表现。这种风格能够尽多地顾及大多数插画初学者的兴趣，适应多数人的能力。卡通风格作品虽面貌略有不同，但原理相通，流程大体一致。学习时，希望大家可以举一反三，不拘一格。

创作思路分析

    这幅作品以生活中常见的橘猫为创作对象，体现橘猫憨厚、可爱的形象，采用主客观相结合的造型构思思路，以客观照片为参考（图7-1），在主观上进行概括与变形，并且适当拟人化，将橘猫可爱、害羞的神情表现出来。在风格上不追求写实，而强调几何化、平面感，用简练的线条代替复杂的外形，用扁平的色块表达原有的材质。这种风格较为简单，且应用性强。案例的难点在于，要提高线稿的流畅度、精致度，从而让整体形象更舒服、耐看。

图7-1　参考照片

创作步骤

（1）新建画布

打开Procreate，点击界面右上角"+"按钮，再点选预设画布"A4"，新建空白画布（图7-2）。

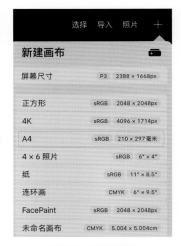

图7-2　新建画布

（2）工具测试

本案例在绘制过程中以软件中的基础画笔为主要工具，在草图阶段使用"6B铅笔"（"画笔库">"素描">"6B铅笔"，图7-3）粗略描绘形象，使用"硬气笔"（"画笔库">"气笔修饰">"硬气笔"，图7-4）进行线稿起稿和铺色，使用"工作室笔"（"画笔库">"着墨">"工作室笔"，图7-5）画线和塑造，使用"软气笔"（"画笔库">"气笔修饰">"软气笔"，图7-6）增加色彩渐变。本案例还用到图层面板的"剪辑蒙版"功能。

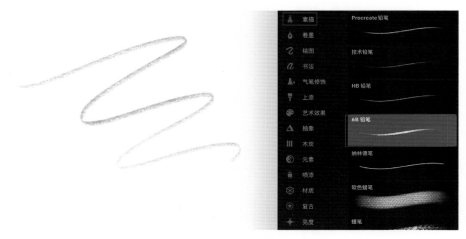

图7-3　工具测试1

图7-4　工具测试2

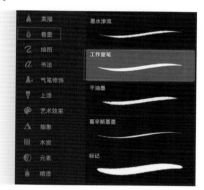

图7-5　工具测试3

图7-6　工具测试4

（3）构图起稿

依次执行"操作">"画布">"参考"，点击并导入参考素材图。新建"草稿"图层，观察物体，确定好要画的形状后，使用"6B铅笔"进行大致形绘制。因为本案例选择用归纳概括的手法进行主观创作，因此选择平面感较强的风格。对橘猫的造型进行了概括与变形处理，而非循规蹈矩地将橘猫的造型画得客观写实，也没有追求原有的比例关系，而是将头部和爪子的比例放大，增加可爱感和趣味性（图7-7）。

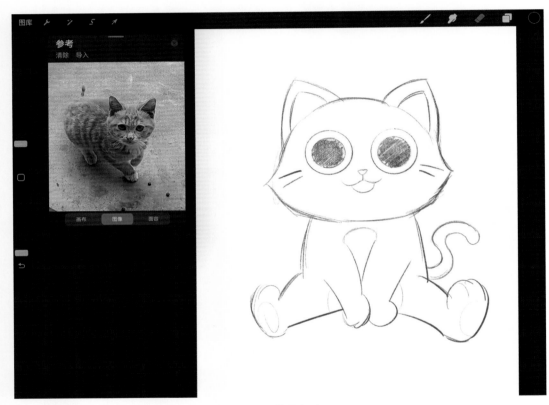

图7-7　构图起稿

大致形体、姿态、五官位置确定好之后，草图绘制即完成。在下一步的线稿绘制前，需要先将"草图"图层的不透明度调至25%（图7-8）。然后，在上方新建"线稿"图层，选择"硬气笔"进行线稿的绘制。借助Procreate软件的辅助修线功能（具体做法：用画笔描绘线条或形状后在画布上保持长按）能够快速绘制流畅的直线、曲线或折线，提高作画效率。线稿绘制的过程中，可以时刻调整所画的线条，对于不满意的线条，可用橡皮擦及时擦除或调整（图7-9）。有时好看的线条也是需要仔细打磨出来的。

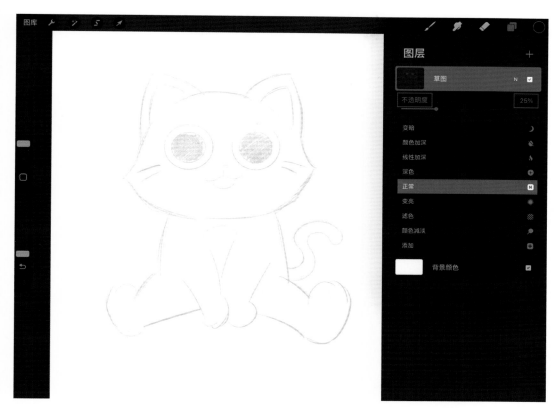

图7-8　降低不透明度

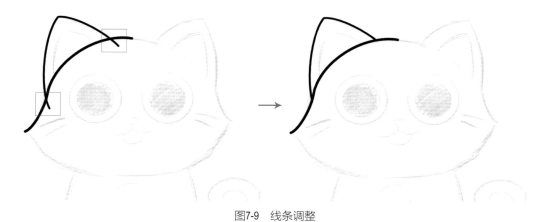

图7-9　线条调整

线稿绘制完成后，观察线稿可以明显感受到，扁平化的风格比写实风格更加简练概括，多了些几何感与装饰性（图7-10）。当然，不同风格、不同画法的选择取决于诸多因素，如创作者的喜好、委托方的要求、作品的用途等。

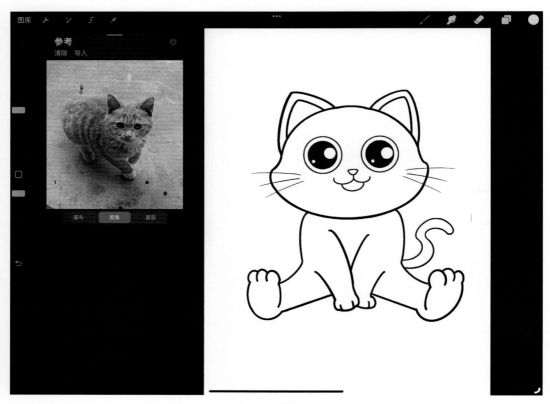

图7-10　线稿完成

（4）分层上色

在线稿图层下方新建"底色"图层，填充浅灰色（R：235、G：222、B：213）作为底色（图7-11）。注意在填色之前，需要将线稿图层设置为"参考"。

随后，在底色图层上方、线稿图层下方新建"身体""尾巴""头部""脸部"图层，进行局部色彩填充（图7-12）。图层从下往上依次为：身体（R：246、G：194、B：81）、尾巴（R：246、G：194、B：81）、头部（R：246、G：194、B：81）、脸部（包含眼睛、鼻子、嘴巴、胡须）。用白色色块填充腹部、脚掌等相应的位置（图7-13）。

图7-11　铺设底色1

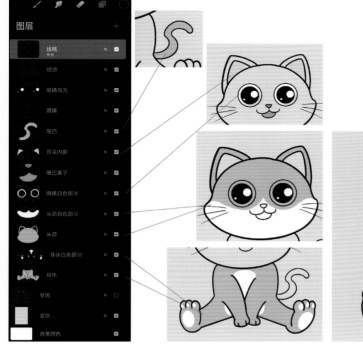

图7-12　分层铺色

图7-13　铺设底色2

（5）基础塑造

首先新建图层，对面部进行刻画，使脸部细节更清晰。然后分别在基础图层之上新建塑造图层，使用"工作室画笔"在身体、头部、尾巴上添加橘猫花纹（R：198、G：120、B：53）。同时，在各部分底色之上添加暗部阴影，在本步骤中频繁使用剪辑蒙版功能，可以提高刻画效率，且不容易涂到底色范围之外。由于本案例通过阴影来丰富画面，增加质感，所以阴影部分的形状要流畅自然，面积不必过大。画完各部分的阴影后，选择浅灰色在底部为橘猫添加投影，并将投影图层设置为"正片叠底"模式（图7-14、图7-15）。

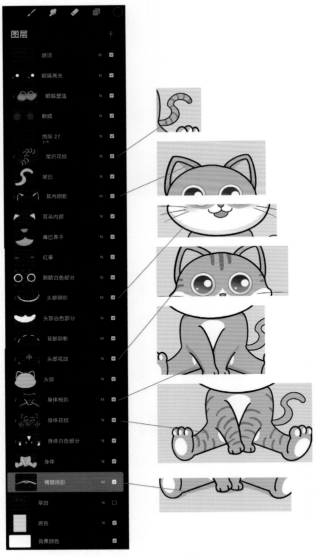

图7-14　分层塑造

图7-15　基础塑造

（6）细节添加

　　为了方便修改线稿颜色，点击"线稿"图层，勾选 "阿尔法锁定"，直接用画笔选择周围合适的颜色在线稿图层上进行涂抹，让原本黑色的线条融入周围形体（图7-16）。在"头部"图层上方、"面部"图层下方新建"红晕"图层，使用"软气笔"画出一些粉红色的红晕，目的是增加细节，表现橘猫略微害羞的神情。最后，在形象旁增加手写文字，使作品更完整（图7-17）。

图7-16　修改线稿

图7-17　添加装饰

（7）作品完成

整理图层（图7-18），完成作品（图7-19）。

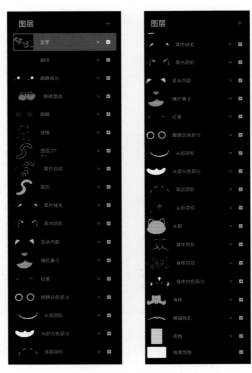

图7-18　整理图层

图7-19　作品完成（作者：杨小弨）

8 少儿主题创作

少儿主题是数字插画创作的常见主题，因其立意充满童趣、造型夸张可爱、颜色丰富活泼、创意富于奇思妙想而广受喜爱。少儿主题作品广泛应用于绘本、教材教辅、产品广告等场景。这里围绕"少儿主题"设置两个案例，其一《游泳》，根据素材图进行卡通化变形设计；其二《怪兽来了》，在卡通造型基础上，设定充满想象力的情景，表达孩子与动物之间的趣事。

8.1 《游泳》

创作思路分析

这幅作品绘制的是一张婴儿游泳的情景，采用绘本风格进行创作，作品的特点在于对画面颗粒感的把控。通过画面中的颗粒感，可以营造出一种纸上绘画的感觉，呈现出独特的细节。画面中，对人物比例动态的调整较小，除了对头部稍扩大一些外，更多的是依据儿童常规比例进行设计，在表情上，采用卡通化的方法概括出五官。原图中平面构成（点、线、面）节奏不明显，为加强平面构成节奏变化，对游泳圈上添加"点"的装饰。在画面趣味性设计上，添加了"小海星"来和婴儿产生互动，进一步丰富了画面细节。图8-1为参考照片。

本案例分层较多，创作中需要建立分层思路。

图8-1　参考照片

创作步骤

（1）新建画布

打开Procreate软件，点击界面右上角"+"按钮，再点选预设画布"A4"，新建空白画布（图8-2）。

（2）工具测试

本案例在绘制过程中的起稿阶段主要使用了"6B铅笔"（"画笔库">"素描">"6B铅笔"，图8-3），"粉笔"（"画笔库">"书法">"粉笔"，图8-4）进行线稿绘制和上色。采用"粉笔"上色主要是为模仿纸上绘画的颗粒感，并强化绘本风格。

图8-2　新建画布

图8-3　工具测试1

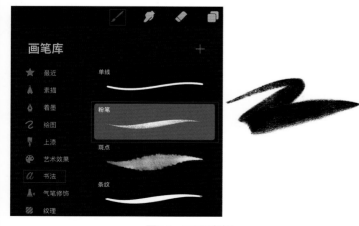

图8-4　工具测试2

（3）构图起稿

依次执行"操作">"画布">"参考"，点击并导入参考素材图，新建"线稿"图层，采用"6B铅笔"绘制线稿（图8-5）。

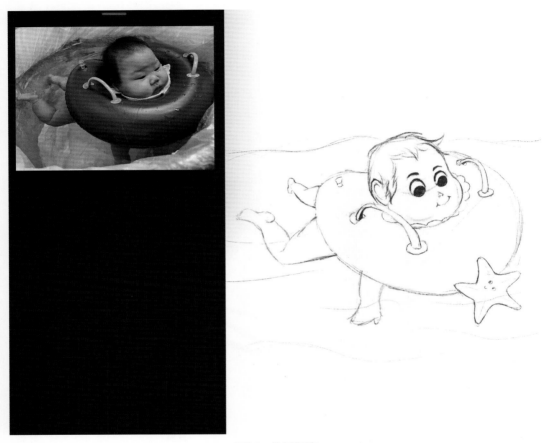

图8-5　构图起稿

（4）分层上色

调整"线稿"图层透明度为30%，并将线稿图层置于顶层，在线稿下方依次创建新图层并采用"粉笔"进行铺色。分别新建"水底色"（R：122、G：208、B：202），"游泳圈底色"（R：75、G：107、B：174），"海星"（R：251、G：121、B：119），"人物底色"（R：232、G：175、B：132），"人物腮红"（R：227、G：116、B：87），"眼睛底色"（R：84、G：50、B：40），"脸部重色"（R：170、G：105、B：61），"头发底色"（R：174、G：106、B：61），"游泳圈装饰"（R：185、G：160、B：148），"游泳圈装饰亮色"（R：247、G：207、B：122），"装饰圈"（R：215、G：213、B：212），"泳圈扶手"（R：243、G：123、B：72）图层，使用"粉笔"进行局部涂色（图8-6、图8-7）。

图8-6　分层上色

图8-7　铺设底色

（5）基础塑造

本步骤主要内容是使用"粉笔"对画面中的物体进行体积塑造，方法是对前期图层新建暗部、亮部相关图层。从下至上，在对应图层上方分别新建"水反光"（R：158、G：218、B：204），"游泳圈亮部"（R：78、G：124、B：187），"游泳圈暗部"（R：66、G：84、B：151），"游泳圈白点"（R：215、G：248、B：252），"海星装饰"（R：237、G：213、B：141），"海星眼睛"（R：108、G：67、B：52），"海星暗部"（R：240、G：178、B：177），"海星亮部"（R：247、G：146、B：142），"人物暗部1"（R：211、G：132、B：84），"人物暗部2"（R：223、G：136、B：101），"眼睛投影"（R：236、G：196、B：168），"眼睛反光"（R：129、G：73、B：44），"头发反光"（R：193、G：112、B：76），"头发暗部"（R：113、G：60、B：42），"装饰圈暗部"（R：202、G：183、B：171），"游泳圈扶手暗部"（R：188、G：91、B：57），"游泳圈扶手亮部"（R：241、G：144、B：85）等图层。其中"海星暗部"图层使用"正片叠底"的图层模式（图8-8、图8-9）。

将新建的每个图层均设置为"剪辑蒙版"模式，用来限制新图层形状，加快绘图速度。基础塑造阶段完成后隐藏"线稿"图层。

图8-8　基础塑造

图8-9　图层分布

（6）细节添加

本步骤为画面添加细节，具体新建图层有"水面层次"（R：205、G：233、B：255）和"水面重色"（R：205、G：211、B：244），并把这两个图层设置为"正片叠底"，以及"顶层水面亮部"（R：137、G：204、B：210），"水波纹"（R：198、G：247、B：239），"碎发"（R：190、G：126、B：81），"整体高光"（R：226、G：184、B：150，本图层设置为"亮光"模式），"游泳圈闭塞点"（R：24、G：40、B：108），等等（图8-10～图8-12）。

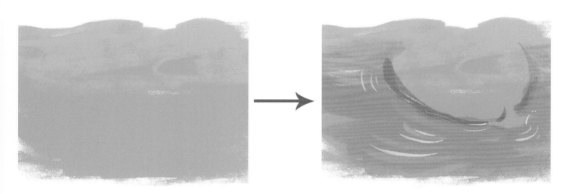

图8-10　添加水的细节

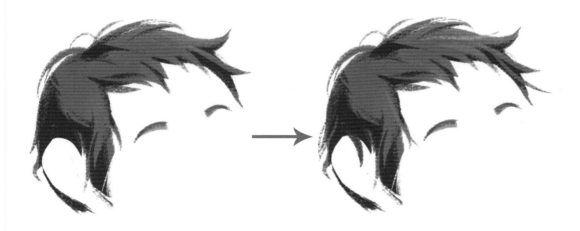

图8-11　添加头发细节

65

图8-12 添加细节

（7）作品完成

最后阶段检查好图层顺序。绘制本案例时，为了便于教学，将图层拆分得很细致，最后需要整理。由于"粉笔"笔刷特性，控制不好容易导致色块边缘过于破碎，一定要检查好每个色块边缘是否整齐，巧妙运用橡皮擦，让整体边缘有一种虚实结合的感觉。

整理图层（图8-13、图8-14），完成作品（图8-15）。

扫码查看
高清原图

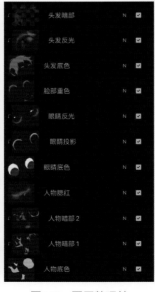

图8-13 图层整理前

图8-14　图层整理后

图8-15　作品完成（作者：丁晓龙）

8.2　《怪兽来了》

创作思路分析

作品构思源自作者儿童时期关于夏天的奇思妙想。画面中描绘了暑假一个小女孩和她的狗意外变小，并在自家后院冒险的故事。作品将女孩与小狗缩小，将院子的植物和昆虫放大，制造一种对比强烈的视觉效果，设定的情境为女孩与昆虫相遇并因害怕而后退，画面充满童趣。风格上，选择模拟手绘水彩的画风。

创作步骤

（1）新建画布

打开Procreate软件，点击界面右上角"+"按钮，再点选预设画布"A4"，新建空白画布后使用二指捏合旋转的方式将画布横向摆放（图8-16）。

	选择　导入　照片　十	
新建画布		
屏幕尺寸	P3	2388 × 1668px
正方形	sRGB	2048 × 2048px
4K	sRGB	4096 × 1714px
A4	sRGB	210 × 297毫米
4 × 6照片	sRGB	6" × 4"
纸	sRGB	11" × 8.5"
连环画	CMYK	6" × 9.5"
FacePaint	sRGB	2048 × 2048px
未命名画布	CMYK	5.004 × 5.004cm

图8-16　新建画布

（2）工具测试

本案例在绘制过程中主要使用了"纳林德笔"（"画笔库">"素描">"纳林德笔"，图8-17）进行线稿绘制；"奥德老海滩"画笔（"画笔库">"艺术效果">"奥德老海滩"，图8-18）进行铺色和塑造。"纳林德笔"效果偏向铅笔，有一种手绘感，容易掌握；"奥德老海滩"画笔呈现半透明效果，同时边缘饱和度比内部更高，肌理丰富，可以模拟

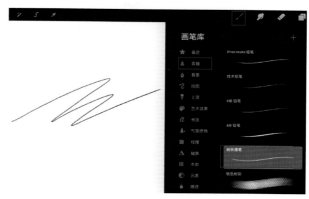

图8-17　工具测试1

水彩画效果。上色前需要测试"奥德老海滩"画笔不同透明度和图层叠加的效果，在绘画过程中通过调节画笔不透明度实现需要的画面效果（图8-19）。

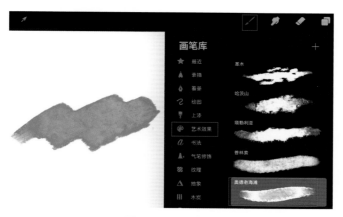

图8-18　工具测试2

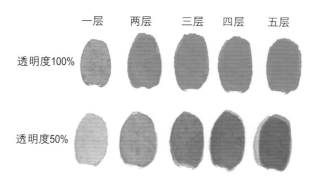

图8-19　工具测试3

（3）构图起稿

新建"草稿"图层，进行草稿绘制，确定大致构图和比例（图8-20）。为了保留作者最初对作品设定的色彩感受，让后续创作思路更加清晰，还新建了"气氛稿"图层进行绘制（图8-21）。

图8-20　绘制草稿

图8-21　绘制"气氛稿"

在"气氛稿"图层上方新建"线稿"图层（图8-22、图8-23），使用"纳林德笔"进行线稿绘制，线稿颜色为偏绿的重色（R：14，G：28，B：25）。本步骤的线稿复杂，需要有一定的耐心。

图8-22　分层起稿

图8-23　绘制线稿

71

（4）分层上色

本步骤的主要内容是在线稿图层下方分别新建图层进行底色绘制。

在图层面板从下到上依次新建"天空"（图8-24，R：202、G：235、B：241，画笔不透明度100%），"草丛1"（图8-25，R：248、G：252、B：143，画笔不透明度100%），"草丛2"（图8-26，R：81、G：123、B：112，画笔不透明度50%），"草地"（图8-27，黄色R：248、G：252、B：143，绿色R：205、G：223、B：114，画笔不透明度100%），"女孩与小狗"（图8-28，肤色R：253、G：246、B：237，腮红R：243、G：210、B：191，头发R：47、G：50、B：63，狗浅色R：238、G：217、B：138，狗重色R：186、G：161、B：65，画笔不透明度100%），"独角仙"（图8-29，R：32、G：31、B：46，画笔不透明度100%），"独角仙投影"（图8-30，R：86、G：107、B：120，画笔不透明度50%）图层，分层铺设底色（图8-31、图8-32）。

图8-24　"天空"图层

图8-25　草丛远景图层

图8-26　草丛近景图层

图8-27　"草地"图层

图8-28　"女孩与小狗"图层　　　　　　图8-29　"独角仙"图层

图8-30 "独角仙投影"图层

图8-31 图层分布

图层
+
线稿 N ☑
独角仙 N ☑
独角仙投影 N ☑
女孩与小狗 N ☑
草地 N ☑
草丛2 N ☑
草丛1 N ☑
天空 N ☑
气氛稿 N ☐
草稿 N ☐

图8-32 分层铺设底色

75

（5）分层塑造

在线稿图层下方分别新建"塑造1"（图8-33，浅绿色R：200、G：222、B：87，深绿色R：48、G：92、B：98，画笔不透明度50%）、"塑造2"（图8-34，颜色数值同"塑造1"，画笔不透明度50%）图层，对草丛和投影部分进行塑造（图8-35）。

图8-33　分层塑造1

图8-34　分层塑造2

图8-35　分层塑造3

（6）深入刻画

在"独角仙"图层上方新建"刻画1"（图8-36，R：34、G：48、B：57，画笔不透明度50%）图层，在"线稿"图层下方新建"刻画2"（图8-37，浅绿色R：200、G：222、B：87，深绿色R：48、G：92、B：98，画笔不透明度50%）图层，对独角仙甲和前景树叶进行刻画。

图8-36　深入刻画1　　　　　　　　　　图8-37　深入刻画2

（7）作品完成

整理图层（图8-38），完成作品（图8-39）。

图8-38　图层整理

图8-39　作品完成（作者：金佳蓉）

9 青春主题创作

青春人物是数字插画创作的常见主题，广泛应用于各类艺术插画、商业插画领域。本书精心设置男女青年案例各1个，分别以卡通风格、绘本风格进行描绘，将"夸张变形"的设计思维融入其中，帮助大家拓宽创作思路，找到适合个人的青春主题创作方式。

9.1 《席地而坐的男青年》

创作思路分析

本作品绘制的是席地而坐的男青年，采用目前比较流行的卡通风格，对原有的造型和颜色进行了一定的夸张。造型方面，对人物整体比例进行了调整，夸大头部比例，并对角色的发型进行了概括，同时夸张了头发的结构，更注重形状的归纳；颜色方面，本作品的视觉中心位于头部，作者选择把头部颜色改为纯度较高的橙色，并增加颜色渐变来丰富视觉中心。最后在人物背景方面，为角色描绘了一圈黑边形成剪影，用来凸显人物这个主要元素。

创作步骤

（1）新建画布

打开Procreate软件，点击界面右上角"+"按钮，再点选预设画布"A4"，新建空白画布（图9-1）。

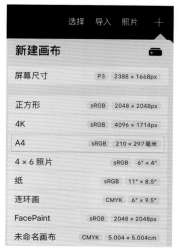

图9-1　新建画布

（2）工具测试

本案例在绘制过程中的起稿阶段主要使用了"6B铅笔"（"画笔库"＞"素描"＞"6B铅笔"，图9-2）起稿，"工作室笔"（"画笔库"＞"着墨"＞"工作室笔"，图9-3）上色，采用工作室笔上色主要是为凸显简洁明快的色块风格。

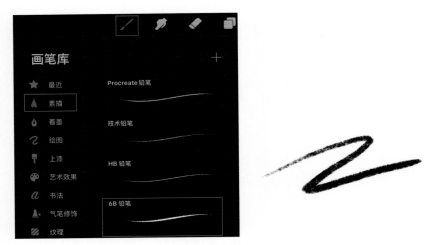

图9-2　工具测试1

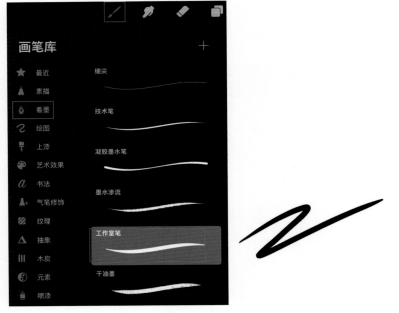

图9-3　工具测试2

（3）构图起稿

新建"草图"图层，采用"6B铅笔"绘制草稿（图9-4）。

调整"草图"图层透明度为30%，在其上方新建"线稿"图层，采用"工作室笔"绘制线稿（图9-5）。线稿绘制结束后便可隐藏"草图"图层。

图9-4　绘制草稿

图9-5　绘制线稿

（4）分层上色

在线稿图层下方新建"背景色"图层，填充紫色（R：168、G：172、B：234）作为底色。根据图层叠加的顺序从下到上分别新建"皮肤底色"（R：232、G：210、B：195）、"眼睛底色"（R：255、G：246、B：255）、"衣服底色"（R：121、G：102、B：111）、"亮色底色"（R：246、G：240、B：244）、"裤子底色"（R：155、G：143、B：102）、"鞋面底色"（R：46、G：38、B：31）、"鞋底底色"（R：156、G：154、B：147）、"头发底色"（R：230、G：140、B：114）图层，使用"工作室笔"进行局部涂色，线稿图层始终位于所有元素最上方保留显示（图9-6～图9-14）。

图9-6　皮肤底色

图9-7　眼睛底色

图9-8　衣服底色

图9-9　亮色底色

图9-10　裤子底色

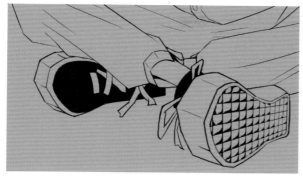

图9-11 鞋面底色

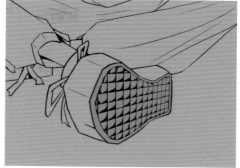

图9-12 鞋底底色

图9-13 头发底色

图9-14 分层上色

（5）基础塑造

首先对当前作品要达到的效果进行分析：在本阶段需要对角色各部分进行基础塑造，如对头部暗部、衣服暗部、裤子暗部、鞋子暗部、人体投影等细节进行绘制，逐步强化体积感和完整度。由于当前图层较多，厘清塑造逻辑是进一步绘制的基础。

在对应图层上方分别新建"皮肤暗部1"（R：195、G：105、B：140），"皮肤暗部2"（R：244、G：115、B：115），"眼睛暗部"（R：88、G：32、B：24，降低图层透明度为30%），"衣服暗部1"（R：56、G：50、B：75），"衣服暗部2"（R：143、G：107、B：96），"亮色投影1"（R：199、G：185、B：202），"亮色投影2"（R：227、G：182、B：175），"裤子暗部1"（R：123、G：100、B：66），"裤子暗部2"（R：103、G：70、B：54），"裤子暗部3"（R：158、G：116、B：1），"鞋面暗部1"（R：11、G：14、B：19），"鞋面暗部2"（R：54、G：31、B：19），"鞋底反光"（R：182、G：183、B：179），"头发暗部1"（R：181、G：76、B：65），"头发暗部2"（R：163、G：54、B：

54）图层，分层进行塑造。塑造阶段主要使用"工作室笔"画结构、明暗关系、色彩，将新建的每个图层均设置为"剪辑蒙版"模式，用来限制新图层形状，提高绘画效率（图9-15、图9-16）。

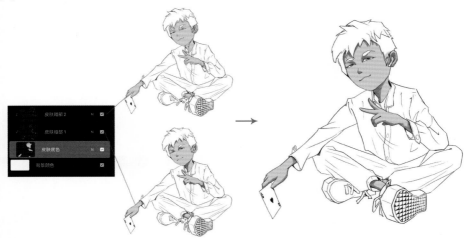

图9-15　皮肤塑造

图9-16　基础塑造

最后在图层最下方新建人物投影图层"底部"（R：200、G：202、B：248）、"底部投影"（R：168、G：172、B：234）（图9-17）。

图9-17 添加投影

（6）深入刻画

刻画衣服，添加"条纹"（R：89、G：79、B：70）图层，并将"条纹"图层属性设置为"正片叠底"，透明度调整为50%（图9-18）。刻画头发，新建"头发渐层1"（R：216、G：226、B：229）、"头发渐层2"（R：145、G：205、B：241）图层。最后将"线稿"图层模式设置为"阿尔法锁定"，使用画笔工具选择所需颜色直接涂抹线稿修改颜色（图9-18～图9-20）。

图9-18 刻画上衣

图9-19　刻画头发

图9-20　线稿改色

（7）细节添加

为人物添加"反光"（R：178、G：227、B：253）图层，并把本图层透明度调整为35%（图9-21）。之后，为人物整体添加"光源"（R：210、G：150、B：107）、"侧光"（R：255、G：218、B：193）、"剪影人物"（R：0、G：0、B：0）、"剪影投影"（R：0、G：0、B：0）图层（图9-22、图9-23）。

图9-21　添加反光

图9-22　添加"光源"图层

图9-23　添加侧光和剪影

（8）作品完成

在最后阶段，检查整体色调是否和谐，局部色块的边缘是否规整，有没有参差不齐的瑕疵等问题。由于本次创作中图层较多，需要着重整理图层，对每个图层的层级、遮挡关系进行调整和检查。整理图层，完成作品（图9-24、图9-25）。

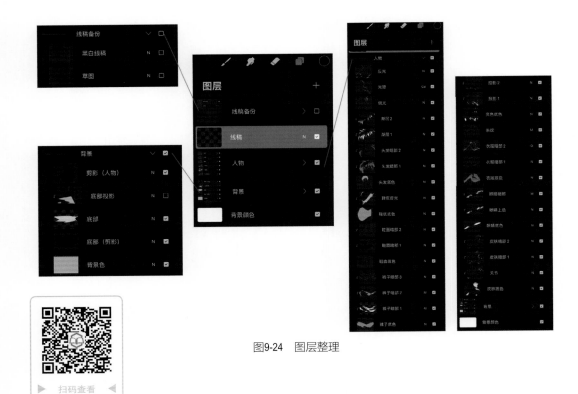

图9-24　图层整理

扫码查看
高清原图

图9-25　完成作品（作者：丁晓龙）

9.2 《捧花女孩》

创作思路分析

本次创作想要摆脱"写实"，刻画出风格化的作品，进行了适当的夸张和细节调整。本幅作品将除了人物面部之外的元素进行放大和圆润处理，选用粗糙质感的笔刷刻画出肌理，增强作品的风格化特点；对五官的刻画也重新进行了设计，将眼睛刻画成"三角眼"，简化了嘴巴，这种设计更能突出人物性格特征。在创作时，我们经常会陷入一种追求"像照片"的思维漩涡，导致画面过于追求真实的人物比例和五官还原等，而"夸张"手法是打破常规思维的一种重要方式，且能取得较好的效果。

创作步骤

（1）新建画布

打开Procreate软件，点击界面右上角"+"按钮，再点选预设画布"A4"，新建空白画布（图9-26）。

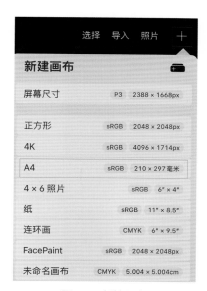

图9-26 新建画布

（2）工具测试

本案例在绘制过程中主要使用了"6B铅笔"（"画笔库">"素描">"6B铅笔"，图9-27）进行线稿起稿和细节添加，使用"粉笔"（"画笔库">"书法">"粉笔"，图9-28）铺色块，使用"油画棒"（"画笔库">"素描">"油画棒"，图9-27）以及"艺术蜡笔"（"画笔库">"素描">"艺术蜡笔"，图9-27）塑造细节和添加肌理，使用"杂色画笔"（"画笔库">"材质">"杂色画笔"，图9-29）添加个别细节。本案例还用到图层面板的"剪辑蒙版"功能。

图9-27　6B铅笔和艺术蜡笔

图9-28　粉笔

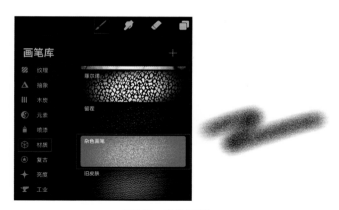

图9-29　杂色画笔

（3）构图起稿

在图层面板新建"线稿"图层，构图起稿。本步骤用不同颜色的画笔区分出人物和花卉。起稿时将头发和身体大胆夸张，画得放松一些（图9-30）。

图9-30　构图起稿

（4）分层上色

在"线稿"图层下方新建图层进行绘画。根据图层叠加的顺序从下到上分别新建"头发"（R：65、G：51、B：39），"大色"（脸部皮肤R：248、G：219、B：208，脖子R：221、G：174、B：155，衣服R：114、G：214、B：207），"茎"（暗部R：63、G：94、B：53，亮部R：82、G：140、B：73），"花3"（R：221、G：207、B：245），"花2"（左R：255、G：185、B：16，右R：255、G：155、B：47），"花1"（左R：247、G：116、B：35，右R：247、G：116、B：35），"手"（R：248、G：219、B：207）图层，使用"粉笔"进行涂色，关闭"线稿"图层（图9-31）。

图9-31　分层上色

（5）基础塑造

首先对作品效果进行分析：在本阶段需要添加五官并对整体的明暗关系进行塑造，如植物的暗部和肌理刻画，植物在衣服上的投影刻画等。

在人物对应图层上方分别新建"外层头发"（R：65、G：151、B：39）图层，增加头发的蓬松感，选择"6B铅笔"笔刷进行绘制；衣服细节图层，选择"6B铅笔"笔刷刻画衣领边缘，选择"粉笔"笔刷塑造暗部；新建两个"面部细节"（面部细节1R：238、G：118、B：62）图层，面部红晕选用"粉笔"笔刷，其他均选择"6B铅笔"笔刷进行刻画。在茎、花3、花2、花1图层上方分别新建"暗部"图层并创建"剪辑蒙版"（茎暗部R：63、G：95、B：53，花3暗部R：181、G：167、B：205，花2暗部R：221、G：111、B：36，花1暗部R：206、G：79、B：19），选择"艺术蜡笔"和"油画棒"笔刷进行塑造，并进行图层编组操作，方便后续继续添加细节。在"手"图层上方新建"手细节"（R：242、G：190、B：172）图层，选择"6B铅笔"笔刷绘制（图9-32、图9-33）。

图9-32　基础塑造

图9-33　分层塑造

（6）深入刻画

本阶段着重对花卉的亮部和画面的肌理进行刻画，丰富画面细节，增加质感。

在人物对应图层上方分别新建"头发肌理"（亮部R：112、G：93、B：76，暗部R：23、G：16、B：9），"衣服肌理"（亮部R：255、G：255、B：255，暗部R：43、G：136、B：128）图层。头发肌理和衣服下方肌理选择"杂色画笔"绘制，衣服其他部分肌理选择"艺术蜡笔"笔刷绘制。在植物对应图层上方分别新建"亮部"图层（R：255、G：199、B：108，并创建"剪辑蒙版"）和"细节"图层（花1R：197、G：81、B：15，花2R：240、G：151、B：58，花3R：181、G：163、B：212），分别选择"油画棒""粉笔"对"亮部""细节"图层进行刻画（图9-34、图9-35）。

图9-34　深入刻画

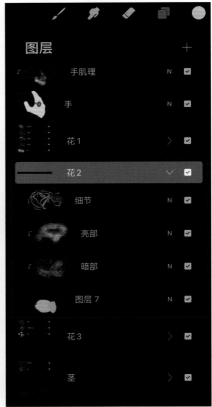

图9-35　分层刻画

（7）细节添加

为头发、衣服、戒指、花卉添加"高光"细节图层（图9-36 ~ 图9-38）。

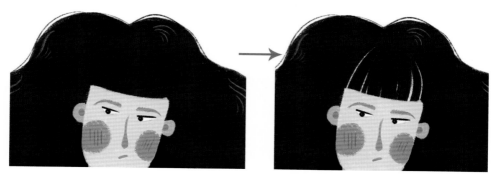

图9-36　头发细节

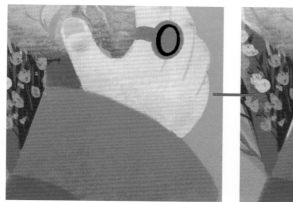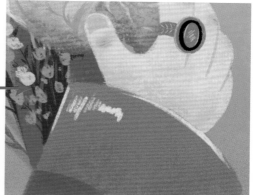

图9-37　服饰细节

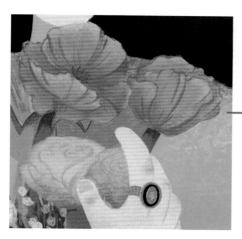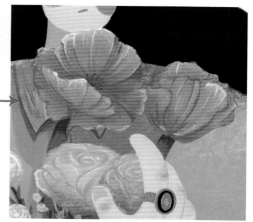

图9-38　花卉细节

（8）作品完成

整理图层（图9-39），完成作品（图9-40）。

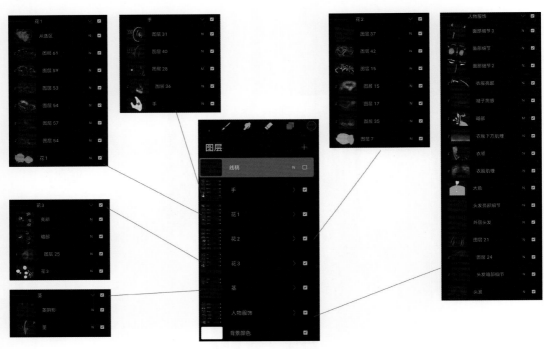

图9-39　整理图层

图9-40　完成作品（作者：苏璐）

10 国风主题创作

　　"国风"二字，源自《诗经》，原指周初至春秋间各诸侯国民间诗歌。现在常说的国风，指的则是"中国风"，是传统文化的精华所在，是富含传统文化内涵和审美情趣的艺术作品风格，也是近年来广受关注和好评的数字插画创作风格。

　　"国风"很难界定，但又易于发现。本节选取《桃花》和《古风人物》两个案例，一简一繁、一多一少，希望通过案例的设计，启发大家创作出富有传统文化元素的佳作。

10.1 《桃花》

创作思路分析

　　插画创作可以借鉴中国传统花鸟画的构图形式和表现效果，结合数字绘画的特色和作者主观感受进行适当创新，传达出独特的国风意境和淡雅韵味。

　　本案例设定在圆形构图中描绘一枝桃花。通过调整画笔的基础参数，使笔触接近水墨晕染效果，具有中国传统绘画的特色。

创作步骤

　　（1）新建画布

　　打开Procreate软件，点击界面右上角"+"按钮，再点选"正方形"，新建空白画布（图10-1）。

　　（2）工具测试

　　本案例在绘制过程中以Procreate软件中"基础画笔"为主，在草图阶段使用"菲瑟涅"画笔（"画笔库">"绘图">"菲瑟涅"，图10-2）粗略确定构图和内容，使用"奥德老海滩"画笔（"画笔库">"艺术效果">"奥德老海滩"，图10-3）进行整体铺色和花枝刻画，使用"暮光"画笔（"画笔库">"绘图">"暮光"，图10-4）塑造。在使

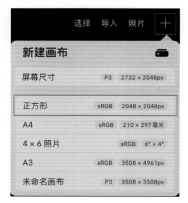

图10-1 新建画布

用"暮光"画笔前，要对画笔"渲染"参数进行修改，将"湿边"调整为"最大"，混合模式改为"颜色加深"，模拟水痕效果，使笔触更接近于手绘（图10-5）。此外，本案例中还会用到图层设置中的"阿尔法锁定"功能。

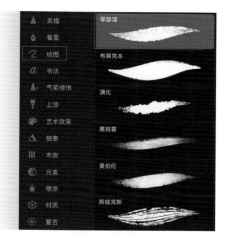

图10-2　画笔测试1

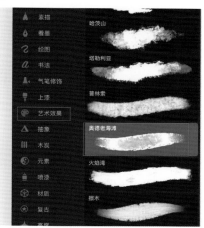

图10-3　画笔测试2

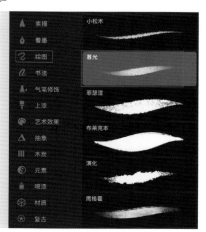

图10-4　画笔测试3

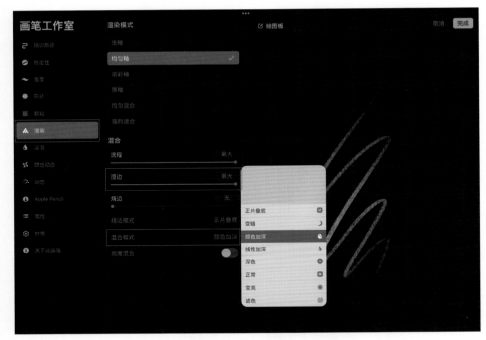

图10-5　画笔设置

（3）构图起稿

通过网络下载或自行拍摄宣纸或绢布的纹理素材，执行"操作"＞"添加"＞"插入图片"后，调整图片大小至铺满画面，将图片图层命名为"纸纹"并置顶。同时，将图层模式调整为"正片叠底"（图10-6）或"颜色加深"，适当降低图层不透明度（一般低于20%）以达到最自然的效果。此外，也可以将2～3张不同效果的纸纹相互叠加在一起，得到独特的效果（图10-7）。接下来的绘制过程全部都在"纸纹"图层之下进行，也就是说，需要让"纸纹"图层时刻保持在图层面板的顶部。

图10-6　正片叠底

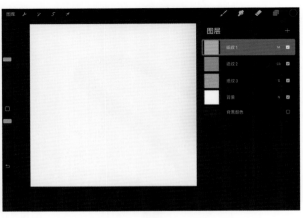

图10-7　载入纸纹素材

在"纸纹"图层下方新建"底色"图层，使用"菲瑟涅"画笔，选择浅粉色（R：252、G：244、B：242）绘制一个正圆形，并填充色彩，得到圆形底色（图10-8）。

新建"草图"图层，置于"底色"图层上方。选择"菲瑟涅"画笔，用黑色进行大致绘制，确定画面的构图、桃花的位置分布以及树枝的方向走势等（图10-9）。注意尽量避免完全水平或竖直的线条，同时也要关注不同花朵之间大小、方向的变化和对比，防止画面看起来呆板。这一步需要着重关注树枝的走向、花朵的形态及位置安排，确定花朵之间的遮挡关系，让画面整体看起来协调、自然。本案例的最终效果将不保留线条图层，因此不追求草图线条的精细，可以用相对随意的线条打造植物的自然姿态和生命力。

图10-8　圆形底色

图10-9　绘制草图

（4）分层上色

先从花瓣开始，以"由浅入深"的思路进行上色。在"草图"图层下方新建"花瓣"图层，使用"奥德老海滩"画笔结合涂抹工具来表现花瓣的浅色部分（R：231、G：190、B：188，图10-10）。接着选取更深的颜色（R：239、G：119、B：119），使用修改过参数的"暮光"画笔描绘出深色的花瓣部分（图10-11）。

图10-10　花瓣浅色

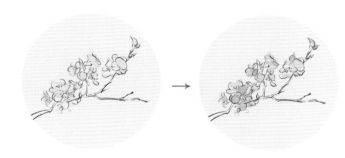

图10-11　花瓣深色

画花瓣时，使用"暮光"画笔一笔勾勒出花瓣的外形，中间留白，然后使用"涂抹"工具向内涂抹，形成自然的颜色过渡，用这样的方法可以快速画出带有颜色渐变的花瓣（图10-12）。

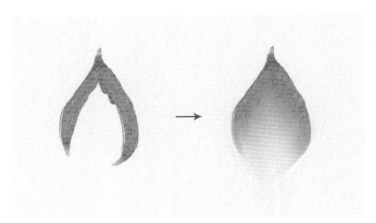

图10-12　花瓣绘制方法

　　分别新建"花枝""花萼和花托"图层，用"奥德老海滩"画笔描绘花枝（R：103、G：68、B：61），利用画笔自身的肌理表现花枝的质感。然后使用"暮光"画笔，用与画花瓣同样的方式画出花萼和花托（R：110、G：152、B：141）（图10-13）。

　　隐藏"草图"图层，查看效果。画面各部分形状完整，外轮廓比较清晰，主体物颜色与背景有所区分，分层上色环节即完成（图10-14）。

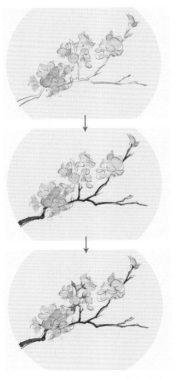

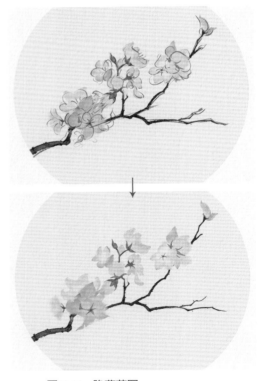

图10-13　花枝、花萼和花托上色　　　　图10-14　隐藏草图

（5）基础塑造

首先在"花瓣"图层下方新建"叶子"图层，选择"暮光"画笔，画出花朵周围叶子的形状（R：185、G：199、B：192，图10-15）。注意花叶长而尖的末端形状，以及方向的变化，体现其轻盈舒展、随风而动的感觉。由小叶至大叶，逐渐增加数量，让蓝绿色的叶子充分衬托起花的粉色和白色。为了避免让叶子呈现单一的绿色，可以适当丰富叶子的色彩，在这个过程中常使用"阿尔法锁定"功能，锁定图层中透明像素，在增加颜色时不容易超出原有的底色范围，从而提高塑造效率（图10-16）。

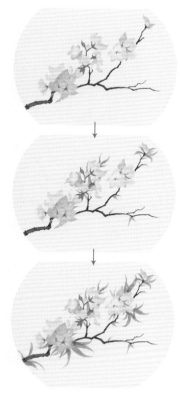

图10-15　添加叶子

图10-16　塑造绿叶

然后继续新建塑造图层，增加花瓣部分细节。选择近处的桃花作为画面中的主体，用更深的颜色进行着重刻画（R：193、G：102、B：104，图10-17）。

图10-17　刻画花瓣

（6）细节添加

使用"暮光"画笔画一些上粗下细的短线条，作为花朵的花蕊，为花朵增加细节（R：193、G：102、B：104，图10-18）。

图10-18　添加花蕊

（7）作品完成

整理图层（图10-19），完成作品（图10-20）。

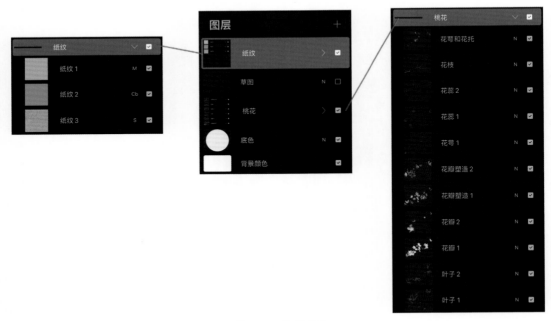

图10-19　整理图层

图10-20　作品完成（作者：杨小弨）

扫码查看
高清原图

10.2 《古风人物》

创作思路分析

以数字插画的方式描绘古代人生活场景，是发掘与延伸古代优秀传统文化的重要手段。传统文化为数字插画创作提供了丰富的素材来源，更提升了作品的文化底蕴和格调。

本案例采用富有特色的彩墨人物画形式进行国风插画案例创作，再现古代女子对弈、执扇的日常生活。创作中，不必呆板地使用数字插画技法模拟传统彩墨人物画的肌理效果，可以充分发挥数字插画的技术特点，为线稿分别设色，进行创新性表现。

创作步骤

（1）新建画布

打开Procreate软件，点击界面右上角"+"按钮，再点选预设画布"A4"，新建空白画布（图10-21）。

图10-21　新建画布

（2）工具测试

本案例在绘制过程中主要使用了"HB铅笔"（"画笔库"＞"素描"＞"HB铅笔"，图10-22）进行线稿起稿，"听盒"（"画笔库"＞"着墨"＞"听盒"，图10-23）画笔铺色块、画线、塑造、涂抹等，"露兜树"（"画笔库"＞"着墨"＞"露兜树"，图10-24）画笔画具有中国水墨风格的背景。

图10-22　工具测试1

图10-23　工具测试2

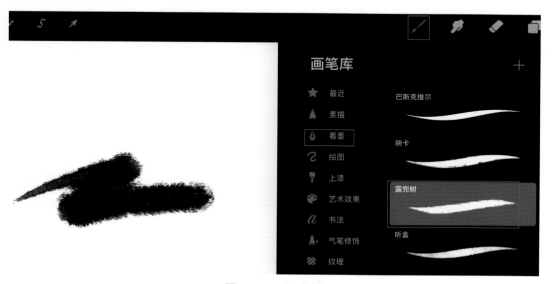

图10-24　工具测试3

（3）构图起稿

新建图层，构图时用"HB铅笔"起稿。由于画面物体较多，采用每个物体一个线稿图层的方式绘制。线稿全部画完后，将图层名修改为物体名称，右划每个图层，选中后点击图层界面右上角"组"（图10-25），将所有图层打包建组，并双击"新建组"选择"重命名"，将组名改为"线稿"（图10-26）。本案例的线稿作为最终效果保留，因此在绘制的过程中要考虑到物体的固有色，同时将该组始终放在图层面板的最上方（图10-27）。

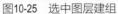

图10-25　选中图层建组

图10-26　双击"新建组"重命名图层组

图10-27　作品线稿

（4）铺设底色

在线稿图层下方新建"底色"图层。为了方便后续铺色，点击左上方建立选区工具，沿着线稿的外轮廓勾出闭合形状（图10-28），拖拉右上方颜色填充纯白色底色（图10-29）。在底色图层上方分别新建图层，使用"听盒"画笔进行铺色（图10-30），并用上述建组方式将全部铺色图层新建组，重命名为"铺色"。

图10-28　选区填色

分层铺色时，可以凭主观感受选择颜色，也可以选择本案例提供的色值配色，具体图层和色值扫右侧二维码可见。

扫码查看

图层色值

图10-29　填充白色底色
（隐藏背景颜色图层效果）

图10-30　铺设底色

（5）深入刻画

在"铺色"组上新建图层，刻画画面的明暗关系。单击图层面板"N"，展开"图层混合模式"，改为"正片叠底"（图10-31），可将涂抹工具改为"听盒"画笔，使物体的明暗面过渡自然（图10-32）。

图10-31 正片叠底

图10-32 深入刻画

（6）细节添加

在"明暗关系"图层上方新建图层，使用"听盒"画笔增加细节，例如衣服的花纹、扇子的绣样、荷叶的叶脉等，着重对画面的明暗关系进行塑造（图10-33）。

具体颜色参数：左侧人物细节（上衣花纹R：239、G：194、B：67，襦裙花纹R：83、G：155、B：128，腰封花纹R：245、G：196、B：92），中间人物细节（襦裙花纹R：209、G：243、B：135），右侧人物细节（上衣花纹R：227、G：121、B：146，扇面葡萄纹R：153、G：100、B：138，葡萄藤R：96、G：109、B：93，扇面花纹R：230、G：140、B：117），腮红（R：249、G：210、B：191）。

图10-33　细节添加

（7）作品完成

在"底色"图层的下方新建"背景"图层（天空R：236、G：251、B：245，远山R：214、G：244、B：245，远山暗部R：183、G：232、B：234，地面R：231、G：227、B：200，地面暗部R：217、G：228、B：212），并用"露兜树"画笔绘制背景，适量运用涂抹工具以塑造中国山水画风格（图10-34）。最后整理图层（图10-35），完成作品（图10-36）。

图10-34　添加背景

图10-35　整理图层

图10-36　作品完成（作者：郑晨）

▶ 扫码查看 ◀
高清原图

11 玄幻主题创作

玄幻主题由于立意和画面充满想象力，深受插画创作者和观众的喜爱。这一主题包含的作品风格多样，本章精选了平面类型和原画类型两种风格。这两个案例在技术上都较为复杂。其中第二个案例用Procreate和Photoshop两个软件结合着创作完成，为的是最大限度地提高效率。

11.1 《寻》

创作思路分析

本案例描绘了在错综复杂的奇幻世界中寻找自我的过程。人物兜兜转转于盘桓交错的楼梯、路口，在人生的这盘棋里寻找本真。在这无限空间的尽头，漫长阶梯的另一端，似乎能看到一只眼睛正一直注视着在虚拟与真实之间不断穿梭、寻找的人。

画面采用框架式构图和螺旋形构图，利用遮挡与交错关系，描绘一个能够无限延伸且充满秩序感的奇幻空间。整体风格偏扁平、轻塑造，舍去复杂的细节，重在表现简洁、干净的线条和色彩，以及画面整体的设计装饰感，可以很容易地与文字或其他设计元素结合使用。

创作步骤

（1）新建画布

打开Procreate软件，点击界面右上角"+"按钮，再点选预设画布"A4"，新建空白画布（图11-1）。

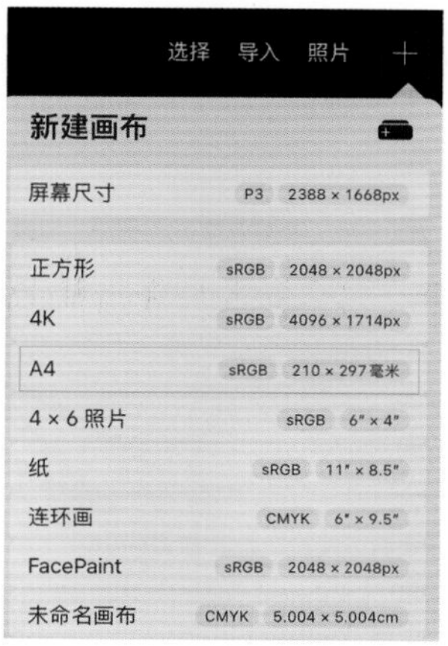

图11-1　新建画布

（2）工具测试

本案例在绘制过程中以软件中的"基础画笔"为主要工具，在草图阶段使用"6B铅笔"（"画笔库">"素描">"6B铅笔"，图11-2）粗略确定构图和内容，使用 "工作室笔"（"画笔库">"着墨">"工作室笔"，图11-3）起稿、画线和塑造，使用"中等喷嘴"和"轻触"画笔（"画笔库">"喷漆">"中等喷嘴"，"画笔库">"喷漆">"轻触"，图11-4）增加杂点效果。本案例还用到图层面板的"剪辑蒙版"功能。

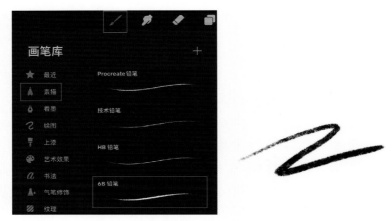

图11-2　工具测试1

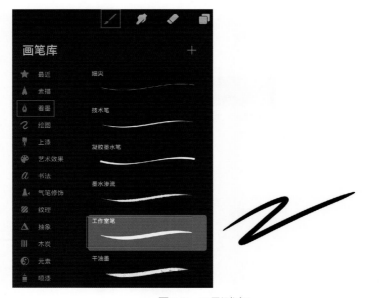

图11-3　工具测试2

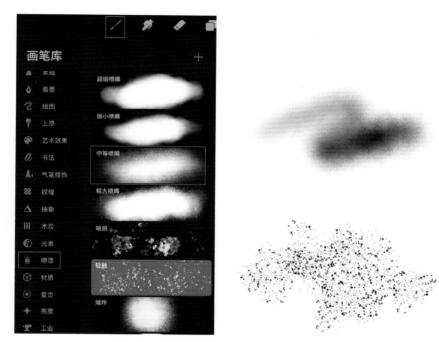

图11-4　工具测试3

（3）构图起稿

新建"草图"图层，使用"6B铅笔"进行大致绘制。构图方面，本案例采用框架式构图和螺旋形构图相结合的方式，并利用遮挡与交错手法，打破空间限制，表现不同视角、不同空间下的并行世界，描绘出一个看似有秩序而又能够无限延伸的奇幻空间（图11-5）。

图11-5　构图起稿

在下一步的线稿绘制前，先将"草图"图层的不透明度调至25%左右，然后在上方新建"线稿"图层，选择"工作室笔"绘制线稿。在这个步骤中，建议细化线稿图层，将不同区域的线稿单独命名（图11-6）。在这个过程中，借助软件的"辅助修线"功能（画笔描绘线条或形状后在画布上保持长按）进行辅助作画，能够快速绘制流畅的直线、曲线或折线，提高作画效率。线稿绘制的过程中，可以时刻调整

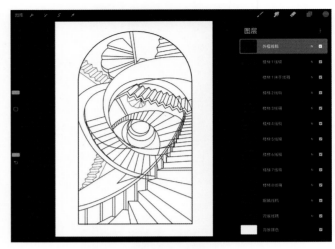

图11-6　线稿分层

所画的线条，对于不满意的线条可用橡皮擦及时擦除或调整。

　　本步骤需要着重把握各元素之间的比例及位置安排，确定前后的空间关系，让画面整体看起来协调、自然，同时注意保持线条的流畅度和美观度。由于本案例需要强调场景的秩序感，因此不追求线条粗细的变化，而将重点放在透视变化和外形的准确度方面。

（4）分层上色

　　根据线稿步骤中确定的图层关系和空间关系，新建对应上色图层填充色彩。填充某一个区域前，可以先用"工作室笔"沿着要上色的线稿区域内侧描一圈，然后直接拖拽填色（图11-7）。本案例采用蓝紫色为画面主色调以表现周围空间的神秘感，以较小面积的橙色、粉色作为辅助色调，在冷静理性中增添一些浪漫感性，冷暖有对比而不均匀，提高画面色彩的协调感和可读性（图11-8）。具体可以参考图11-9提供的色彩数值，也可以将图片作为色卡导入Procreate软件直接吸色使用，或者主观搭配色彩。

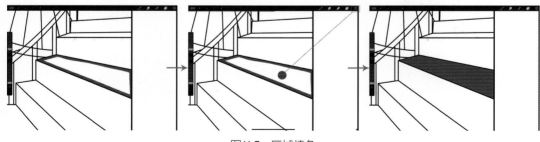

图11-7　区域填色

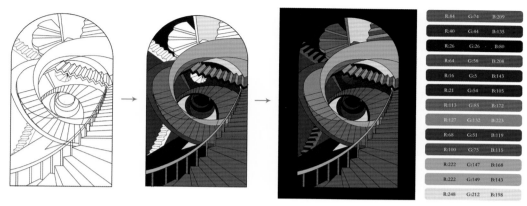

图11-8　分层上色

图11-9　色彩RGB值

R:84	G:74	B:209
R:40	G:44	B:135
R:26	G:26	B:80
R:64	G:58	B:208
R:16	G:5	B:143
R:21	G:54	B:105
R:113	G:85	B:172
R:127	G:132	B:223
R:68	G:51	B:119
R:100	G:75	B:115
R:222	G:147	B:168
R:222	G:149	B:143
R:248	G:212	B:198

（5）**基础塑造**

首先新建图层，选择"工作室笔"对台阶的阴影或亮部进行刻画，简单区分亮面与暗面，增加光影效果（图11-10）。然后继续新建塑造图层，使用"工作室笔"为眼睛部分增加细节。因为眼睛在画面中是一个关键元素，所以需要着重刻画（图11-11）。在本步骤中使用"剪辑蒙版"功能，在绘画时不容易超出各部分底色范围，从而提高塑造效率。

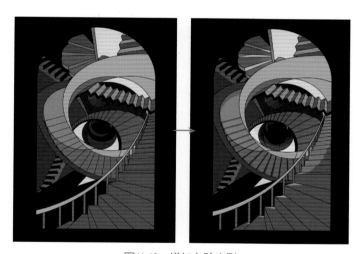

图11-10　增加台阶光影

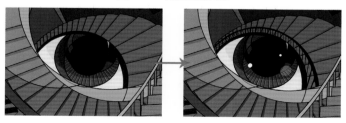

图11-11　塑造眼睛

场景大致塑造完成之后，观察画面，发现单一的环境描绘缺乏活力，略显生硬。这时新建"人物"图层，在合适的位置增加两个人物形象，注意人物比例大小和透视角度要与周围环境相匹配。同时，在色彩上选用明度、纯度偏高的颜色，与深色背景形成对比，让人物更醒目（图11-12）。

图11-12　添加人物

（6）细节添加

交错使用"中等喷嘴"和"轻触"画笔为画面整体增添杂点，增加画面细节和肌理效果（图11-13）。同时，在人物下方新建"影子"图层，将图层模式调整为"正片叠底"后，用"工作室笔"结合"涂抹""橡皮擦"工具，大致画出人物影子，使人与环境更加融合（图11-14）。

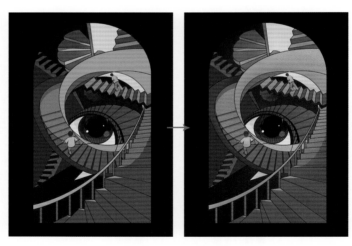

图11-13　添加杂点

图11-14　添加影子

（7）作品完成

整理图层（图11-15），完成作品（图11-16）。

图11-15　整理图层

图11-16　作品完成（作者：杨小弨）

扫码查看

高清原图

11.2 《<山海经>之帝江》

创作思路分析

本案例描绘的是中国古籍《山海经》中的帝江这一形象。《山海经》世称"华夏上古三大奇书"之一，是数字插画创作时的常见题材来源，其中蕴含的想象力之丰富独步于世，堪称中华传统文化的瑰宝。《山海经》原文记载如下："有神焉，其状如黄囊，赤如丹火，六足四翼，浑敦无面目，是识歌舞，实惟帝江也。"

帝江是异兽，《山海经》原文对它的特点描述还是相当生动的。国内外对这个形象的设计再现也有很多版本。在画它的时候，创作者意欲脱离常见的形象构造，再造一位理想中与原著更贴近的新角色。由于案例刻画深入复杂，文件量大、图层多，单纯依靠Procreate软件难以支撑，也不能最大限度地提升创作效率，因此选择用Procreate绘制素描稿、用Photoshop绘制色稿的方式完成。

创作步骤

（1）新建画布

由于本案例需要绘制的内容较多，为方便后期深入，需建立较大尺寸的画布。打开Procreate，点击界面右上角"+"按钮，再选择新建自定义画布按钮，然后在弹出菜单设置画布尺寸为宽度350毫米、高度495毫米、DPI为300（图11-17）。

图11-17　新建画布

（2）素描稿工具测试

画素描稿阶段，主要使用了"6B铅笔"（"画笔库">"素描">"6B铅笔"，图11-18），"中等硬气笔"（"画笔库">"气笔修饰">"中等硬气笔"，图11-19），"工作室笔"（"画笔库">"着墨">"工作室笔"，图11-20），"尼科滚动"画笔（"画笔库">"上漆">"尼科滚动"，图11-21）绘制线稿和素描稿。"尼科滚动"画笔较为特殊，它可以绘制出斑驳感和颗粒感，营造厚涂效果。

图11-18　工具测试1

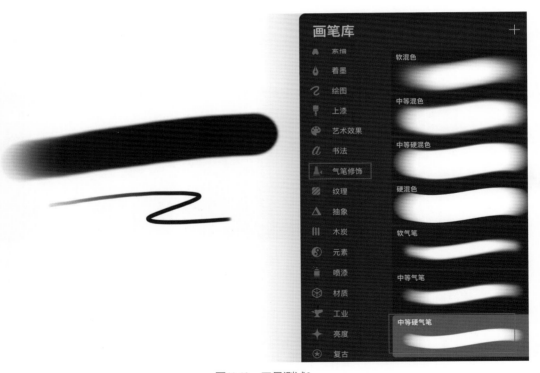

图11-19　工具测试2

图11-20　工具测试3

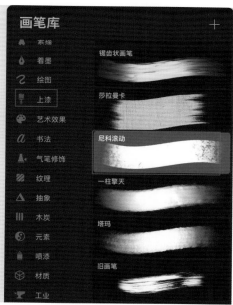

图11-21　工具测试4

（3）构图起稿

新建"角色草图"图层，使用"6B铅笔"绘制草图，然后新建"角色线稿"图层，降低草图图层的不透明度之后，根据草图绘制角色线稿（图11-22、图11-23）。

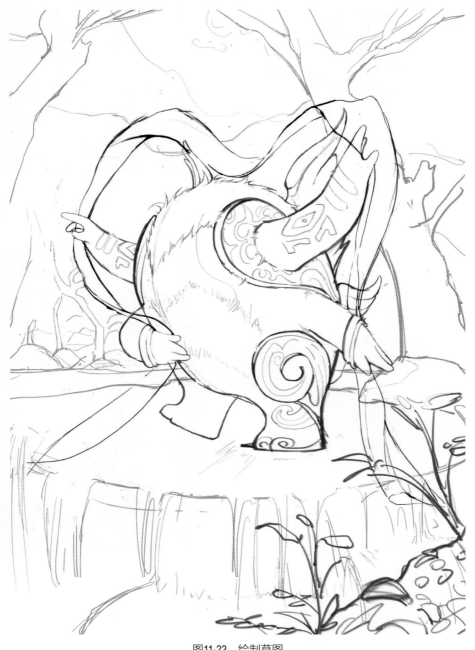

图11-22　绘制草图

图11-23　绘制线稿

（4）分层上色

本阶段的主要思路是为各个局部绘制底色，方便在未来塑造时使用"剪辑蒙版"功能提升绘画效率。

调整"角色线稿"图层不透明度为30%，并将线稿图层置于顶层。在线稿下方依次新建图层，并采用"工作室笔"进行铺色。铺色时，注意不要将色块涂到相应线稿之外。图层和颜色参数分别为："背景"（R：206、G：206、B：206），"远山底色1"（R：142、G：142、B：142），"水底色"（R：82、G：82、B：82），"水台暗部底色"（R：41、G：41、B：41），"远山底色2"（R：105、G：105、B：105），"树底色"（R：75、G：75、B：75）（图11-24～图11-29）。

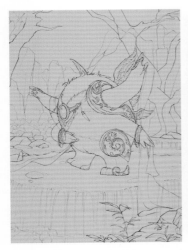
图11-24　背景底色

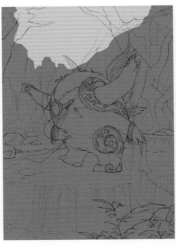
图11-25　远山底色1

图11-26　水底色

图11-27　水台暗部底色

图11-28　远山底色2

图11-29　树底色

　　继续新建"角色底色"（R：153、G：153、B：153）图层、"翅膀底色"（R：181、G：181、B：181）图层、"金属底色"（R：184、G：184、B：184）图层、"丝带底色"（R：190、G：190、B：190）图层、"前景底色"（R：40、G：40、B：40）图层，使用"工作室笔"铺色（图11-30~图11-34）。当前图层分布如图11-35所示，其中"金属底色"和"翅膀底色"使用了"剪辑蒙版"功能。

图11-30　角色底色

图11-31　翅膀底色

图11-32　金属底色

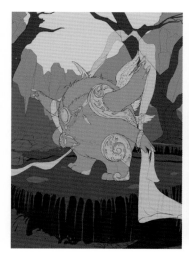

图11-33　丝带底色

图11-34　前景底色

图11-35　图层分布

129

（5）基础塑造

本步骤的主要思路是，在对应底色图层之上分别新建塑造图层，完成画面的基础塑造。在塑造时会使用到"正片叠底"和"剪辑蒙版"功能，笔刷采用"中等硬气笔""尼科滚动"画笔进行绘制。由于本作品场景空间相对较大，要注意前后的空间距离，遵循前面对比强、后面对比弱的思路。可以适当对上一步骤的物体色块进行调整，调整和绘画同时进行。

从下至上在对应图层上方分别新建"远山暗部1"（R：112、G：112、B：112）、"远山暗部2"（R：63、G：63、B：63）、"树暗部"（R：50、G：50、B：50）、"角色暗部1"（R：142、G：142、B：142）、"角色暗部2"（R：57、G：57、B：57）、"丝带暗部"（R：177、G：177、B：177）图层。其中"角色暗部1""角色暗部2"图层使用"剪辑蒙版"模式，并对"角色暗部1"图层使用"正片叠低"功能（图11-36～图11-40）。图层分布和塑造效果如图11-41和图11-42所示。

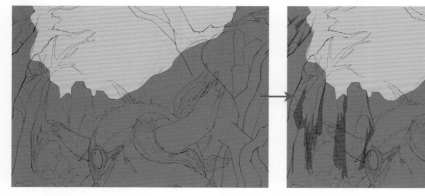

图11-36　远山塑造1

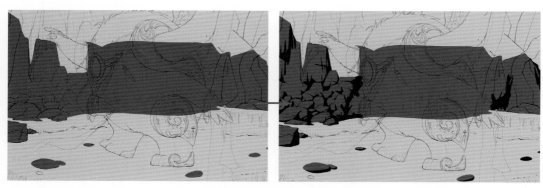

图11-37　远山塑造2

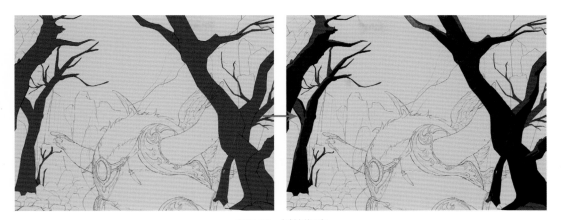

图11-38　树的塑造

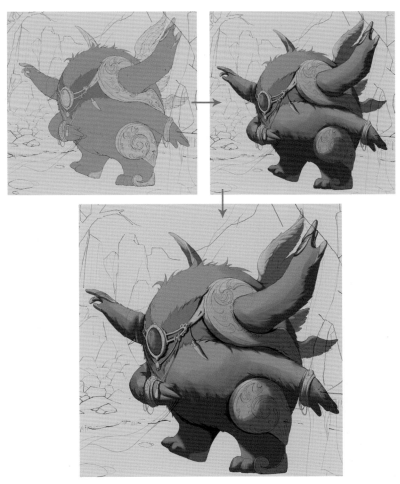

图11-39　角色塑造

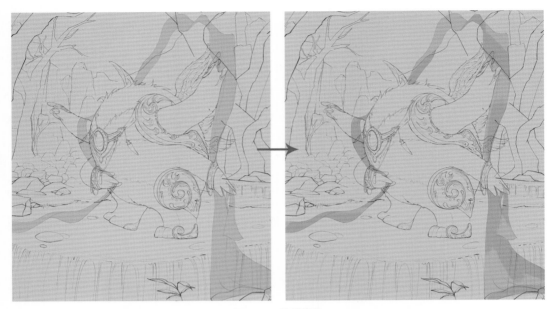

图11-40　丝带塑造

图11-41　图层分布　　　　　　图11-42　塑造效果

（6）完善素描稿

本步骤的基本内容是整理、合并图层并继续深入刻画，添加"树叶"图层。由于本案例采用的是先完成素描稿再上色的方式，因此建议阶段性备份文件，便于后期调整，也有利于减少前期文件的体积，便于后期绘制（图11-43、图11-44）。

图11-43　图层整理

图11-44　素描稿绘制

（7）文件导出

本作品绘制内容相对复杂，需要借助Photoshop软件来辅助完成，因此需将Procreate中的作品以PSD格式的文件方式分享到计算机Photoshop软件中进行上色（点击Procreate菜单栏"操作" > "分享" > "分享图像PSD" > "微信"，下载后导入Photoshop，图11-45）。

图11-45　文件导出

（8）工具测试

在使用Photoshop软件绘制色稿时，主要使用"硬圆压力不透明度和流量"画笔（"画笔库"＞"常规画笔"＞"硬圆压力不透明度和流量"，图11-46）塑造较为光滑的部分，如宝石、金属等材质；使用"Kyle的实际油画圆形Flex潮湿"画笔（"画笔库"＞"湿介质画笔"＞"Kyle的实际油画圆形Flex潮湿"，图11-47）塑造较为粗糙的部分，如石头、树木、山体等材质；使用"Kyle的喷溅画笔-喷溅Bot倾斜"画笔（"画笔库"＞"特殊效果画笔"＞"Kyle的喷溅画笔-喷溅Bot倾斜"，图11-48）来绘制金属的特殊质感。

图11-46　涂色画笔1

图11-47　涂色画笔2

图11-48　涂色画笔3

在上色阶段，还会用到Photoshop软件中的图层混合模式"颜色"，这种图层混合模式可以在黑白图层上只改变颜色，而不改变素描关系。同时，还需用到数字插画常见功能"剪贴蒙版"（图11-49、图11-50）。

图11-49　图层混合模式——"颜色"　　　　图11-50　创建剪贴蒙版

（9）分层上色

以角色为例进行绘制，在原"角色"图层上方新建"身体颜色"（R：153、G：111、B：100）、"翅膀颜色"（R：178、G：172、B：205）、"金属颜色"（R：164、G：129、B：67）、"宝石颜色"（R：37、G：7、B：101）图层，均设置为"颜色"图层混合模式，并使用"剪贴蒙版"功能（图11-51、图11-52）。

使用同样的方法分别在对应图层上方新建"背景颜色"（R：163、G：203、B：255）、"远景山颜色"（R：80、G：101、B：135）、"水颜色"（R：68、G：54、B：82）、"山颜色"（R：74、G：67、B：93）、"树叶颜色"（R：87、G：105、B：141）、"树木颜色"（R：51、G：53、B：87）、"丝带颜色"（R：172、G：162、B：205）、"前景颜色"（R：38、G：22、B：79）图层，均设置为"颜色"图层混合模式，并使用"剪贴蒙版"功能（图11-53、图11-54）。

由于本作品属于厚涂类型，颜色变化丰富，创作时可以根据自身喜好，对颜色进行微调。

图11-51 分层上色

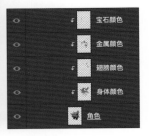

图11-52 对上色图层使用"剪贴蒙版"功能

图11-53 分层塑造

图11-54 对塑造图层使用"剪贴蒙版"功能

（10）**细节添加**

本阶段首先对图层进行合并整理（建议先复制以备份文件），然后根据画面整体氛围需求新建"光"图层，添加光感效果（图层混合模式选择为"强光"属性，图11-55）。新建"飘落树叶"图层来增加背景层次（图11-56）。

图11-55　添加光线　　　　图11-56　添加树叶

（11）**作品完成**

最后调整画面的整体色调，使用Photoshop软件中的"照片滤镜"（菜单栏"图像"＞"调整"＞"照片滤镜"，"照片滤镜"中的颜色为R：150、G：78、B：211，透明度23%，图11-57、图11-58）。整理图层，完成作品（图11-59、图11-60）。

图11-57　照片滤镜

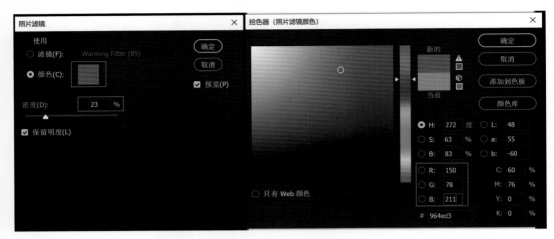

图11-58　"照片滤镜"参数设置

图11-59　图层整理

图11-60　作品完成（作者：丁晓龙）

▶ 扫码查看 ◀
高清原图

书名：Photoshop插画创作案例教程
书号：978-7-122-41934-7
作者：王鲁光
定价：55.00元

书名：Photoshop写实绘画技法从入门到精通
书号：978-7-122-35792-2
作者：王鲁光
定价：59.80元

书名：数字插画实战：场景创作30例
书号：978-7-122-36723-5
作者：王鲁光
定价：59.80元

书名：数字插画实战：人像创作30例
书号：978-7-122-34909-5
作者：王鲁光
定价：59.80元

书名：数字插画基础教程
书号：978-7-122-41509-7
作者：王鲁光
定价：69.80